架空输电线路质量监督检查要点

萨如拉　著

吉林科学技术出版社

图书在版编目（CIP）数据

架空输电线路质量监督检查要点 / 萨如拉著. -- 长
春：吉林科学技术出版社，2020.11
ISBN 978-7-5578-7882-5

Ⅰ. ①架… Ⅱ. ①萨… Ⅲ. ①架空线路－输电线路－
质量监督 Ⅳ. ① TM726.3

中国版本图书馆 CIP 数据核字（2020）第 216580 号

架空输电线路质量监督检查要点

JIAKONG SHUDIAN XIANLU ZHILIANG JIANDU JIANCHA YAODIAN

著　　者	萨如拉
出 版 人	宛　霞
责任编辑	朱　萌
封面设计	李　宝
制　　版	张　凤
幅面尺寸	185mm×260mm
开　　本	16
字　　数	130 千字
页　　数	96
印　　张	6
版　　次	2020 年 11 月第 1 版
印　　次	2020 年 11 月第 1 次印刷
出　　版	吉林科学技术出版社
发　　行	吉林科学技术出版社
地　　址	长春市福祉大路 5788 号
邮　　编	130118

发行部电话 / 传真　0431—81629529　　81629530　　81629531
　　　　　　　　　　　 81629532　　81629533　　81629534

储运部电话　0431—86059116

编辑部电话　0431—81629520

印　　刷	北京宝莲鸿图科技有限公司
书　　号	ISBN 978-7-5578-7882-5
定　　价	50.00 元

前　言

工程质量监督是监督机构根据国家相关法律、法规、工程技术标准和工程建设标准，对责任主体和有关机构履行质量责任的行为，以及对有关工程的实体质量及相关文件、资料等随机进行的抽样检查活动。输电线路的质量监督检查阶段通常按工程的施工阶段划分，质量监督机构按照工程质量监督阶段、质量监督计划和工程具体情况进行抽查及阶段监督检查。

架空输电线路的质量监督检查通常按四个划分阶段：首次及地基处理、架空输电线路杆塔组立前、架空输电线路导地线架设前、架空输电线路投运前监督检查。一项架空输电线路工程（或一个施工标段）作为一个单位工程，通常分为土石方工程、基础工程、杆塔工程、架线工程、接地工程、线路防护工程六个分部工程。首次监督检查应对基础第一罐混凝土浇制前完成；杆塔组立前阶段应对"土石方工程、基础工程"两个分部工程进行监督检查；导地线架设阶段应对"杆塔工程"分部工程进行监督检查；投运前阶段应应对"杆塔工程、架线工程、接地工程、线路防护工程"四个分部工程进行监督检查。监督检查的主要方式为抽查质量行为和实体质量进行检查，必要时可进行质量监督检测。

若架空输电线路工程有地基处理作业时，一般首次监督检查和地基处理和合并进行，大跨越线路工程的地基处理和基础工程必须分别进行监督检查。杆塔组立前、导地线架设前、投运前应单独进行。

工程质量监督是工程建设质量管理的基本制度，也是政府主管部门依法维护电力工程规范建设、保障工程质量的重要手段。随着我国电力工业的快速发展，电力技术水平不断提高，对电力工程质量监督检查规范化、专业化提出了更高的要求。

作者（主编）多年参与或带领专家团队检查国家重点电力工程和内蒙古地区电力工程质量监督工作，检查过程中对架空输电线路质量监督检查依据和重点质量问题进行分析和总结的基础上，结合工作实际编写本书。目的是为了提高电力工程建设工作者的技术管理和质量管理水平。

本书共分四章，分别描述了架空输电线路首次及地基处理、杆塔组立前、导地线架设前、投运前的四个阶段对工程质量行为和实体质量监督检查的主要内容以及引用依据。

本书在编写过程中作者（编写人员）水平和资料搜集、引用标准等方面难免存在欠缺和疏漏，敬请读者谅解和指正。

目 录

第 一 章　**首次及地基处理质量监督检查**

架空输电线路的首次质量监督检查应在首基基础混凝土浇筑前完成，如有地基处理可合并进行，主要对工程项目的质量监督注册、各参建单位项目组织机构建立、人员进场、地基原材料及地基处理情况、线路复测、施工现场准备、地基处理等质量行为和施工准备情况进行抽查。

第一部分　质量行为监督检查

第一节　建设单位质量行为检查

1.1　工程项目经国家行政主管部门核准（批准）

1.《输变电工程项目质量管理规程》DL/T 1362-2014 的 5.1.5 条规定，建设单位应按照国家现行法律的规定组织办理工程建设合法性文件；2.《国务院关于发布政府核准的投资项目目录（2016 年本）的通知》国发〔2016〕72 号规定，电网工程涉及跨境、跨省（区、市）输电的 ±500 千伏及以上直流项目，涉及跨境、跨省（区、市）输电的 500 千伏、750 千伏、1000 千伏交流项目，由国务院投资主管部门核准，其中 ±800 千伏及以上直流项目和 1000 千伏交流项目报国务院备案；不涉及跨境、跨省（区、市）输电的 ±500 千伏及以上直流项目和 500 千伏、750 千伏、1000 千伏交流项目由省级政府按照国家制定的相关规划核准，其余项目由地方政府按照国家制定的相关规划核准。

1.2　工程项目招投标与合同

1.《中华人民共和国招标投标法》中华人民共和国主席令第 86 号（2017）第三条规定，在中华人民共和国境内进行下列工程建设项目包括项目的勘察、设计、施工、监理以及与工程建设有关的重要设备、材料等的采购，必须进行招标；2.《中华人民共和国建筑法》中华人民共和国主席令第 46 号（2011）第十五条规定，建筑工程的发包单位与承包单位应当依法订立书面合同。

1.3 质量管理组织机构

《输变电工程项目质量管理规程》DL/T 1362-2014 的 5.1.4 规定,建设单位应组织建立全面覆盖勘察、设计、监理、施工、调试单位的项目质量管理体系,应监督质量管理体系的有效运行。

1.4 工程建设标准强制性条文实施检查计划和措施

《实施工程建设强制性标准监督规定》中华人民共和国建设部令第 81 号(2015年修正)第二条规定,在中华人民共和国境内从事新建、扩建、改建等工程建设活动,必须执行工程建设强制性标准。

1.5 工程采用的专业清单已审批

《输变电工程项目质量管理规程》DL/T1362—2014 的 11.2.2 条规定,工程开工前各参建单位均应建立质量文件管理体系,并应开展以下工作:a) 形成文件目录清单;b)明确质量文件形成;c)将质量文件管理纳入专业管理人员和技术人员的工作标准中;d 制定检查、控制及考核措施形。

1.6 组织完成设计交底及施工图会检

1.《输变电工程项目质量管理规程》DL/T 1362-2014 的 5.3.1 条规定,建设单位应在变电单位工程和输电分部工程开工前组织设计交底和施工图会检。未经会检的施工图纸不得用于施工;2.《建筑工程勘察设计管理条例》中华人民共和国国务院令第 687 号(2015)的第三十条规定,建设工程勘察、设计单位应当在建设工程施工前,向施工单位和监理单位说明建设工程勘察、设计意图,解释建设工程勘察、设计文件。建设工程勘察、设计单位应当及时解决施工中出现的勘察、设计问题。

1.7 工程项目开工文件

《建设工程监理规范》GB/T 50319-2013 的 3.0.7 总监理工程师应组织专业监理工程师审查施工单位报送的开工报审表及相关资料,同时具备以下条件的,由总监理工程师签署审查意见,报建设单位批准后,总监理工程师签发开工令。

1.8 输电线路路径审批文件及相关合同

《中华人民共和国土地法》中华人民共和国主席令第 28 号(2004)的第五十三条规定,经批准的建设项目需要使用国有建设用地的,建设单位应当持法律、行政法规规定的有关文件,向有批准权的县级以上人民政府土地行政主管部门提出建设用地申请,经土地行政主管部门审查,报本级人民政府批准;第五十七条规定,建设项目施工和地质勘查需要临时使用国有土地或者农民集体所有的土地的，由县级以上人民政府土地行政主管部门批准。

1.9　无任意压缩合同约定工期的行为

《建设工程质量管理条例》中华人民共和国国务院令第 687 号（2017 修订）的第十条规定，建设工程发包单位不得迫使承包方以低于成本的价格竞标，不得任意压缩合理工期。

1.10　采用的新技术、新工艺、新流程、新装备、新材料已审批

《实施工程建设强制性标准监督规定》建设部令第 81 号（2015 年修正）的第五条规定，建设工程勘察、设计文件中规定采用的新技术、新材料，可能影响建设工程质量和安全，又没有国家技术标准的，应当由国家认可的检测机构进行试验、论证，出具检测报告，并经国务院有关主管部门或者省、自治区、直辖市人民政府有关主管部门组织的建设工程技术专家委员会审定后，方可使用。工程建设中采用国际标准或者国外标准，现行强制性标准未作规定的，建设单位应当向国务院住房城乡建设主管部门或者国务院有关主管部门备案。

1.11　里程碑计划

《输变电工程项目质量管理规程》DL/T 1362-2014 的 5.3.2 条规定，工程开工前，建设单位应确定工程进度里程碑计划，应组织编制一级进度计划，并应审批施工图交付计划和物资供应计划。

1.12　地基处理方案已审批

1.《建筑施工组织设计规范》GB／T 50502-2009 的 3.0.5 施工组织设计的编制和审批应符合下列规定：施工方案应由项目技术负责人审批；重点、难点分部（分项）工程和专项工程施工方案应由施工单位技术部门组织相关专家评审，施工单位技术负责人批准；由专业承包单位施工的分部（分项）工程或专项工程的施工方案，应由专业承包单位技术负责人或技术负责人授权的技术人员审批；有总承包单位时，应由总承包单位项目技术负责人核准备案；规模较大的分部（分项）工程和专项工程的施工方案应按单位工程施工组织设计进行编制和审批。2.《电力建设施工技术规范 第 1 部分 土建结构工程》DL 5190.1-2012 的 3.0.6 条规定施工单位应当在危险性较大的分部、分项工程施工前编制专项方案；对于超过一定规模和危险性较大的深基坑工程、模板工程及支撑体系、起重吊装及安装拆卸工程、脚手架工程和拆除、爆

破工程等,施工单位应当组织专家对专项方案进行论证。

1.13 工程质量责任承诺书

《建筑工程五方责任主体项目负责人质量终身责任追究暂行办法》中华人民共和国住房和城乡建设部(2014)第八条规定,项目负责人应当在办理工程质量监督手续前签署工程质量终身责任承诺书,连同法定代表人授权书,报工程质量监督机构备案。项目负责人如有更换的,应当按规定办理变更程序,重新签署工程质量终身责任承诺书,连同法定代表人授权书,报工程质量监督机构备案。

1.14 质量监督手续

《建设工程质量管理条例》中华人民共和国国务院令 687 号第十三条规定,建设单位在领取施工许可证或者开工报告前,应当按照国家有关规定办理工程质量监督手续。

1.15 建设单位在国家能源局区域派出机构备案

《电力建设工程备案管理规定》电监资质[2012]69 号第三条规定,电力工程建设(管理)单位是电力建设工程备案的责任主体,具体负责向电力监管机构备案并对备案内容的真实性负责。

第二节 勘察设计单位质量行为监督检查

2.1 企业资质与合同约定的业务范围相符

《建设工程质量管理条例》中华人民共和国国务院令第 687 号的第十八条规定,从事建设工程勘察、设计的单位应当依法取得相应等级的资质证书,并在其资质等级许可的范围内承揽工程;

2.2 设计单位工代任命文件

《输变电工程项目质量管理规程》DL/T1362—2014 中 6.3.9 条规定,在施工、调试阶段,勘察、设计单位应任命工地代表。

2.3 设计图纸交付进度计划

《输变电工程项目质量管理规程》DL/T1362—2014 中 6.1.7 条规定,设计单位应编制施工图交付计划;

2.4 地基处理阶段设计交底完成

《建设工程勘察设计管理条例》中华人民共和国国务院令 [2015] 第 687 号第三十条规定，建设工程勘察、设计单位应当在建设工程施工前，向施工单位和监理单位说明建设工程勘察、设计意图，解释建设工程勘察、设计文件。

2.5 地基处理阶段设计变更文件

《输变电工程项目质量管理规定》DL/T1362—2014 的 6.3.8 规定，工程设计单位应工程实际需要进行变更，且符合以下要求：a) 设计变更应符合可行性研究或初步设计的批复；b) 当初步设计方案、改变设计原则、改变原定主要设备规范、扩大进口范围、增减投资超过 50 万元等内容的设计变更时，设计变更应报主审单位或建设单位审批确认；c) 由设计单位确认的设计变更应在监理单位审核、建设单位批准后实施。

2.6 按规定参加工程质量验收并签证

《建筑工程施工质量验收统一标准》GB 50300-2013 的 6.0.3 规定，分部工程应由总监理工程师组织施工单位项目负责人和项目技术负责人等进行验收。勘察、设计单位项目负责人和施工单位技术、质量部门负责人应参加地基与基础分部工程的验收。设计单位项目负责人和施工单位技术、质量部门负责人应参加主体结构、节能分部工程的验收；6.0.6 规定，建设单位收到工程竣工报告后，应由建设单位项目负责人组织监理、施工、设计、勘察等单位项目负责人进行单位工程验收。

2.7 强执行条纹落实情况

《输变电工程项目质量管理规程》DL/T 1362-2014 的 6.2.1 条规定，勘察、设计单位应根据工程质量总目标进行设计质量管理策划，并应编制下列设计质量管理文件；a) 设计技术组织措施；b) 达标投产或创优实施细则；

c) 工程建设标准强制性条文执行计划；d) 执行法律法规、标准、制度的目录清单；6.2.2 规定，勘察、设计单位应在设计前将设计质量管理文件报建设单位审批。如有设计阶段的监理，则应报监理单位审查、建设单位批准。

2.8 核实图纸上签字的注册建筑师、注册结构师、注册电气师人员

1.《建设工程质量管理条例》中华人民共和国国务院令第 279 号（2001）第十九条规定，勘察、设计单位必须按照工程建设强制性标准进行勘察、设计，并对其勘察、设计的质量负责。注册建筑师、注册结构工程师等注册执业人员应当在设计文件上

签字,对设计文件负责。2.《输变电工程项目质量管理规程》DL/T 1362-2014 的 6.1.5 条规定,在工程设计中,勘察、设计单位的设计图纸应有相应资格的执业人员审核签署,不得提供未经审查批准的施工图用于施工。

2.9 图纸中明确合理使用年限

《建设工程质量管理条例》中华人民共和国国务院令 687 号(2001)第二十一条规定,设计文件应当符合国家规定的设计深度要求,注明工程合理使用年限。

2.10 按规定参加地基处理工程的质量验收及签证

1.《建筑工程施工质量验收统一标准》GB 50300-2013 的 6.0.3 分部工程应由总监理工程师组织施工单位项目负责人和项目技术负责人等进行验收。勘察、设计单位项目负责人和施工单位技术、质量部门负责人应参加地基与基础分部工程的验收。设计单位项目负责人和施工单位技术、质量部门负责人应参加主体结构、节能分部工程的验收。2.《输变电工程项目质量管理规程》DL/T 1362-2014 的 6.1.9 勘察、设计单位应按照合同约定开展下列工作: c) 派驻工地设计代表,及时解决施工中发现的设计问题。d) 参加工程质量验收,配合质量事件、质量事故的调查和处理工作。

第三节 监理单位质量行为监督检查

3.1 企业资质与合同约定范围相符

《中华人民共和国建筑法》中华人民共和国主席令 (第 46 号) (2011)第十三条规定,从事建筑活动的建筑施工企业、勘察单位、设计单位和工程监理单位,按照其拥有的注册资本、专业技术人员、技术装备和已完成的建筑工程业绩等资质条件,划分为不同的资质等级,经资质审查合格,取得相应等级的资质证书后,方可在其资质等级许可的范围内从事建筑活动。

3.2 专业监理人员配备合理,资格证书与承担的任务相符

1.《电力建设工程监理规范》DL/T5434-2009 的 5.1.3 规定,项目监理机构由总监理工程师、专业监理工程师和监理员组成,且专业配套、数量满足工程项目监理工作的需要,必要时可设置总监理工程师代表和副总监理工程师。2.《建设工程监理规范》GB/T 50319-2013 的 2.0.6 条规定,总监理工程师由工程监理单位法定代表人书面任命,负责履行建设工程监理合同、主持项目监理机构工作的注册监理工程师;2.0.7 条规定,总监理工程师代表经工程监理单位法定代表人同意,由总监理工程师书面授权,代表总监理工程师行使其部分职责和权力,具有工程类注册执业资格或

具有中级及以上专业技术职称、3 年及以上工程实践经验并经监理业务培训的人员；2.0.8 条规定，专业监理工程师由总监理工程师授权，负责实施某一专业或某一岗位的监理工作，有相应监理文件签发权，具有工程类注册执业资格或具有中级及以上专业技术职称、2 年及以上工程实践经验并经监理业务培训的人员；3.1.2 条规定，项目监理机构的监理人员应由总监理工程师、专业监理工程师和监理员组成，且专业配套、数量应满足建设工程监理工作需要，必要时可设总监理工程师代表；3.1.3 规定，应及时将项目监理机构的组织形式、人员构成、及对总监理工程师的任命书面通知建设单位。

3.3　检测仪器和工具满足监理工作需要

1.《中华人民共和国计量法实施细则》（2018 年修订本）第四条规定，计量基准器具（简称计量基准，下同）的使用必须具备下列条件：（一）经国家鉴定合格；（二）具有正常工作所需要的环境条件；（三）具有称职的保存、维护、使用人员；（四）具有完善的管理制度。2.《中华人民共和国计量法》主席令 16 号第九条规定，县级以上人民政府计量行政部门对社会公用计量标准器具，部门和企业、事业单位使用的最高计量标准器具，以及用于贸易结算、安全防护、医疗卫生、环境监测方面的列入强制检定目录的工作计量器具，实行强制检定。未按照规定申请检定或者检定不合格的，不得使用。

3.4　本阶段应执行的工程建设强制性条文已确认

《输变电工程项目质量管理规程》DL/T 1362-2014 的 7.3.5 规定，监理单位应监督施工单位质量管理体系的有效运行，应监督施工单位按照技术标准和设计文件进行施工，应定期检查工程建设标准强制性条文执行情况。

3.5　监理规划

《建设工程监理规范》GB/T50319—2013 的 4.2.1 条规定，监理规划可在签订建设工程监理合同及收到工程设计文件后由总监理工程师组织编制，并应在召开第一次工地会议前报送建设单位；4.2.2 条规定，监理规划编审应遵循下列程序：

1 总监理工程师组织专业监理工程师编制；2 总监理工程师签字后由工程监理单位技术负责人审批；4.2.3 条规定，监理规划应包括下列主要内容：

1 工程概况。2 监理工作的范围、内容、目标。3 监理工作依据。4 监理组织形式、人员配备及进退场计划、监理人员岗位职责。5 监理工作制度。6 工程质量控制。7 工程造价控制。8 工程进度控制。9 安全生产管理的监理工作。10 合同与信息管理。

11 组织协调。12 监理工作设施；4.2.4 条规定，在实施建设工程监理过程中，实际情况或条件发生变化而需要调整监理规划时，应由总监理工程师组织专业监理工程师修改，并应经工程监理单位技术负责人批准后报建设单位。

3.6 监理实施细则

1.《建设工程监理规范》GB/T50319—2013 的 4.3.2 条规定，监理实施细则应在相应工程施工开始前由专业监理工程师编制，并应报总监理工程师审批；4.3.3 条规定，监理实施细则的编制应依据下列资料：

1 监理规划。2 工程建设标准、工程设计文件。3 施工组织设计、（专项）施工方案；4.3.4 条规定，监理实施细则应包括下列主要内容：

1 专业工程特点。2 监理工作流程。3 监理工作要点。4 监理工作方法及措施；4.3.5 条规定，在实施建设工程监理过程中，监理实施细则可根据实际情况进行补充、修改，并应经总监理工程师批准后实施。2.《电力建设工程监理规范》DL/T5434—2009 的 6.2.1 条规定，监理实施细则应由专业监理工程师进行编制，经总监理工程师批准实施。6.2.3 条规定，监理实施细则编制依据：1 监理规划。2 专业工程相关标准、规范、工程设计文件和技术资料。3 批准的施工组织设计、（专项）施工方案；6.2.4 条规定，监理实施细则应包括下列内容：1 专业工程特点、难点及薄弱环节。2 专业监理工作重点。3 监理工作流程。4 监理工作要点、目标。4 监理工作方法及措施。

3.7 施工图预检意见书

《输变电工程项目质量管理规程》DL/T 1362-2014 的 7.3.3 条规定，监理单位应对施工图进行预检并形成预检意见，应参加建设单位组织的设计交底和施工图会检。

3.8 对进场的工程材料、设备、构配件的质量进行检查验收及原材料复检的见证取样

1.《建设工程质量管理条例》中华人民共和国国务院令（第 279 号）（2000）第三十七条规定，未经监理工程师签字，建筑材料、建筑构配件和设备不得在工程上使用或者安装，施工单位不得进行下一道工序的施工；2.《电力建设工程监理规范》DL/T 5434-2009 7.2.3 见证取样。对规定的需取样送试验室检验的原材料和样品，经监理人员对取样进行见证、封样、签认。

3.9　施工质量验收项目划分表

1.《电力建设工程监理规范》DL/T 5434—2009 的 9.1.2 条规定,项目监理机构应审查承包单位编制的质量计划和工程质量验收及评定项目划分表,提出监理意见,报建设单位批准后监督实施;2.《建筑工程施工质量验收统一标准》GB 50300-2013 的 4.0.7 条规定,施工前,应由施工单位制定分项工程和检验批的划分方案,并由监理单位审核。对于相关专业验收规范未涵盖的分项工程和检验批,可由建设单位组织监理、施工等单位协商确定。

3.10　质量问题及处理台账

《建设工程监理规范》GB/T 50319—2013 的 5.2.15 条规定,项目监理机构发现施工存在质量问题的,或施工单位采用不适当的施工工艺,或施工不当,造成工程质量不合格的,应及时签发监理通知单,要求施工单位整改。整改完毕后,项目监理机构应根据施工单位报送的监理通知回复单对整改情况进行复查,提出复查意见;5.2.17 条规定,对需要返工处理或加固补强的质量事故,项目监理机构应要求施工单位报送质量事故调查报告和经设计等相关单位认可的处理方案,并应对质量事故的处理过程进行跟踪检查,同时应对处理结果进行验收。项目监理机构应及时向建设单位提交质量事故书面报告,并应将完整的质量事故处理记录整理归档。

3.11　地基处理施工方案、特殊施工技术措施已审批

1.《电力工程地基处理技术规程》DL/T5024-2005 的 5.0.12 条规定,地基处理的施工应有详细的施工组织设计、施工质量管理和质量保证措施。应有专人负责施工检验与质量检查,做好各项施工记录,当发现异常情况时,应及时会同有关部门研究解决;2.《建设工程监理规范》GB/T 50319—2013 的 5.5.3 条规定,项目监理机构应审查施工单位报审的专项施工方案,符合要求的,应由总监理工程师签认后报建设单位。超过一定规模的危险性较大的分部分项工程的专项施工方案,应检查施工单位组织专家进行论证、审查的情况,以及是否附具安全验算结果。项目监理机构应要求施工单位按已批准的专项施工方案组织施工。专项施工方案需要调整时,施工单位应按程序重新提交项目监理机构审查。

3.12　按规定参加地基处理工程的质量验收及签证

《电力建设工程监理规范》DL/T 5434-2009 的 9.1.11 条规定,专业监理工程师应对承包单位报送的分项工程质量报验资料进行审核,符合要求予以签认;总监理工程师应组织专业监理工程师对承包单位报送的分部工程和单位工程质量验评资料

进行审核和现场检查,符合要求予以签认。

3.13 提出地基处理施工质量评价意见

《输变电工程项目质量管理规程》DL/T 1362-2014 的 14.2.1 规定,变电工程应分别在主要建(构)筑物基础基本完成、土建交付安装前、投运前进行中间验收,输电线路工程应分别在杆塔组立前、导地线架设前、投运前进行中间验收。投运前中间验收可与竣工预验收合并进行。

第四节　施工单位质量行为检查

4.1 企业资质与合同约定范围相符

1.《中华人民共和国建筑法》中华人民共和国主席令(第 46 号)(2011)第十三条规定,从事建筑活动的建筑施工企业、勘察单位、设计单位和和工程监理单位,按照其拥有的注册资本、专业技术人员、技术装备和已完成的建筑工程业绩等资质条件,划分为不同的资质等级,经资质审查合格,取得相应等级的资质证书后,方可在其资质等级许可的范围内从事建筑活动;2.《建筑业企业资质管理规定》住房和城乡建设部令第 22 号(2015)第三条规定,企业应当按照其拥有的资产、主要人员、已完成的工程业绩和技术装备等条件申请建筑业企业资质,经审查合格,取得建筑业企业资质证书后,方可在资质许可的范围内从事建筑施工活动;3.《承装(修、试)电力设施许可证管理办法》国家电监会 28 号令(2009)第四条规定,在中华人民共和国境内从事承装、承修、承试电力设施活动的,应当按照本办法的规定取得许可证。除电监会另有规定外,任何单位或者个人未取得许可证,不得从事承装、承修、承试电力设施活动。

4.2 项目部组织机构及专业人员配置

《输变电工程项目质量管理规程》DL/T 1362-2014 的 9.1.5 条规定,施工单位应按照施工合同约定组建施工项目部,应提供满足工程质量目标的人力、物力和财力的资源保障。

4.3 项目部经理资格符合要求并经本单位法定代表人授权

1.《中华人民共和国建筑法》主席令第 46 号(2011)第十四条规定,从事建筑活动的专业技术人员,应当依法取得相应的执业资格证书,并在执业资格证书许可的范围内从事建筑活动;2.《建设工程项目管理规范》GB/T 50326-2017 的 4.1.4 条规定,建设工程项目各实施主体和参与方法定代表人应书面授权委托项目管理机构负责人,并实行项目负责人责任制。

4.4　特殊工种人员持证上岗

《特种作业人员安全技术培训考核管理办法》国家安全生产监督管理总局令第30号（2010）（2015年5月29日国家安全监管总局令第80号修正。）第五条规定,特种作业人员必须经专门的安全技术培训并考核合格,取得《中华人民共和国特种作业操作证》（以下简称特种作业操作证）后,方可上岗作业。

4.5　施工组织设计及施工方案

《建筑施工组织设计规范》GB/T 50502-2009的3.0.5规定,施工组织设计的编制和审批应符合下列规定:

1 施工组织设计应由项目负责人主持编制,可根据需要分阶段编制和审批;2 施工组织总设计应由总承包单位技术负责人审批;3. 单位工程施工组织设计应由施工单位技术负责人或技术负责人授权的技术人员审批,施工方案应由项目技术负责人审批;4. 重点、难点分部（分项）工程和专项工程施工方案应由施工单位技术部门组织相关专家评审,施工单位技术负责人批准。

4.6　技术交底记录

《输变电工程项目质量管理规程》DL/T 1362-2014的9.3.4条规定,施工过程中,施工单位应主要开展下列质量控制工作: b）在变电各单位工程、线路各分部工程开工前进行技术培训交底。

4.7　计量工器具

1.《中华人民共和国计量法实施细则 》（2018年修订本）第四条规定,计量基准器具（简称计量基准,下同）的使用必须具备下列条件:（一）经国家鉴定合格;（二）具有正常工作所需要的环境条件;（三）具有称职的保存、维护、使用人员;（四）具有完善的管理制度。2.《中华人民共和国计量法》主席令16号第九条规定,县级以上人民政府计量行政部门对社会公用计量标准器具,部门和企业、事业单位使用的最高计量标准器具,以及用于贸易结算、安全防护、医疗卫生、环境监测方面的列入强制检定目录的工作计量器具,实行强制检定。未按照规定申请检定或者检定不合格的,不得使用。

4.8　检测试验项目计划已审批

《建筑工程检测试验技术管理规范》JGJ 190－2010的3.0.1规定,建筑工程施工现场检测试验技术管理应制订检测试验计划；5.3.1 规定，施工检测试验计划应在工程施工前由施工项目技术负责人组织有关人员编制，并应报送监理单位进行审查和监督实施。

4.9 专业绿色施工措施

《建筑工程绿色施工规范》GB/T 50905-2014 的 4.0.2 条规定，施工单位应编制包含绿色施工管理和技术要求的工程绿色施工组织设计、绿色施工方案或绿色施工专项方案，并经审批通过后实施。

4.10 单位工程开工报告

《工程建设施工企业质量管理规范》GB/T 50430-2017 的 10.4.2 条规定，项目部应确认施工现场已具备开工条件，进行报审、报验，提出开工申请，经批准后方可开工。

4.11 工程建设强制性条文实施计划

《输变电工程项目质量管理规程》DL/T 1362-2014 的 9.2.2 条规定，工程开工前，施工单位应根据施工质量管理策划编制质量管理文件，并应报监理单位审核、建设单位批准。质量管理文件应包括下列内容包括：d）工程建设标准强制性条文执行计划；

4.12 无违规转包或违法分包工程的行为

《中华人民共和国建筑法》中华人民共和国主席令第 46 号（2011）第二十八条规定，禁止承包单位将其承包的全部建筑工程转包给他人，禁止承包单位将其承包的全部建筑工程肢解以后以分包的名义转包给他人。

4.13 施工验收中的不符合项已整改和验收

《输变电工程项目质量管理规程》DL/T 1362-2014 的 14.1.1 条规定，前一阶段质量验收所发现的不符合项应及时进行纠偏处理。质量问题未得到关闭，不得进行下一阶段工作。

第五节 检测试验机构质量行为检查

5.1 检测试验机构已通过能力认定并取得相应证书

《建设工程质量检测管理办法》中华人民共和国建设部令第 141 号（2005）第四条规定，检测机构未取得相应的资质证书，不得承担本办法规定的质量检测业务。

5.2 检测人员资格符合规定

《房屋建筑和市政基础设施工程质量检测技术管理规范》GB 50618-2011 的 4.1.5 条规定,检测操作人员应经技术培训、通过建设主管部门或委托有关机构的考核,方可从事检测工作。

5.3 检测仪器、设备检定合格,且在有效期内

《检验检测机构诚信基本要求》GB/T 31880-2015 的 4.3.1 条规定,设备设施检验检测设备应定期检定或校准,设备在规定的检定和校准周期内应进行期间核查。

5.4 检测依据正确、有效,报告及时规范

《检验检测机构资质认定管理办法》国家质量监督检验检疫总局令第 163 号 (2015) 第二十五条规定,检验检测机构应当在资质认定证书规定的检验检测能力范围内,依据相关标准或者技术规范规定的程序和要求,出具检验检测数据、结果。检验检测机构出具检验检测数据、结果时,应当注明检验检测依据,并使用符合资质认定基本规范、评审准则规定的用语进行表述。检验检测机构对其出具的检验检测数据、结果负责,并承担相应法律责任。

5.5 地基处理检测方案

《房屋建筑和市政基础设施工程质量检测技术管理规范》GB 50618-2011 的 5.1.4 检测机构对现场工程实体检测应事前编制检测方案,经技术负责人批准;对鉴定检测、危房检测,以及重大、重要检测项目和为有争议事项提供检测数据的检测方案应取得委托方的同意。

第二部分　实体质量监督检查

第一节　施工现场条件质量监督检查

1.1 杆塔中心桩进行了复测及补桩,报告齐全

1.《建设工程监理规范》GB/T 50319-2013 的 5.2.5 专业监理工程师应检查、复核施工单位报送的施工控制测量成果及保护措施,签署意见。(依据《110kV-750kV 架空电力线路工程施工质量及评定规程》DL/T 5168—2016 的附录 A.0.1 检查路径复测记录)

1.2 施工原材料、半成品、成品及钢筋焊接接头质量检验合格，报告齐全

1.《工程建设施工企业质量管理规范》GB/T 50430-2017 的 8.3.1 规定，项目部应对进场的工程材料、构配件和设备进行验收，并保存适宜的验收记录。验收的过程、记录和标识应符合相关要求。未经验收或验收不合格的工程材料、构配件和设备，不得用于工程施工。2.《混凝土结构工程施工规范》GB 50666-2011 的 7.6.2 条规定，原材料进场时，应对材料外观、规格、等级、生产日期等进行检查，并应对其主要技术指标按本规范第 7.6.3 条的规定，划分检验批进行抽样检验，每个检验批检验不得少于 1 次。

1.3 施工用水检验合格

1.《混凝土用水标准》JGJ63-2006 的 3.1.1 规定，混凝土拌合用水水质要求应符合表 3.1.1 的规定。2.《混凝土质量控制标准》GB 50164-2011 的 2.6.2 条规定，混凝土用水主要控制项目应包含 PH 值、不溶物含量、可溶物含量、硫酸根离子含量、氯离子含量、水泥凝结时间差和水泥胶砂强度比。当混凝土骨料为碱活性时，主要控制项目还应包括碱含量。

1.4 深基坑开挖边坡放坡坡度符合施工方案要求

《建筑边坡工程技术规范》GB 50330-2013 的 18.1.1 条规定，边坡工程应根据安全等级、边坡环境、工程地质和水文地质、支护结构类型和变形控制要求等条件编制施工方案，采取合理、可行、有效的措施保证施工安全。

1.5 现场混凝土搅拌条件

骨料场地面已硬化；材料存放已分类；材料标识注明名称、规格、产地等；防护措施有防潮、防雨雪、防爆晒和防尘措施等；查看标养室温、湿度记录仪完好，符合标养条件。

1.6 预拌混凝土技术检验合格

《预拌混凝土》GB/T14902—2012 的 10.2.1 条规定，购买预拌混凝土时，供需双方应先签订合同。10.2.2 规定，合同签订后，供方应按订货单组织生产和供应。订货单应至少包括以下内容：a 订货单位及联系人；b 施工单位及联系人；c 工程名称；d 浇筑部位及浇筑方式；e 混凝土标记；f 标记内容以外的技术要求；g 订货量；h 交货地点；i 供货起止时间；10.3.1 条规定，供货方按分部工程向需方提供同一配合比混凝土的出厂合格证。出厂合格证应至少包括以下内容：a 出厂合格证编号；b 合同

编号；c 工程名称；需方；e 供方；f 交货日期；g 浇筑部位；h 混凝土标记；i 标记以外的技术要求；j 供货量；k 原材料的品种、规格、级别及检验报告编号；l 混凝土质量评定；10.3.3 条规定，供货方随每一辆运输车向需方提供该车混凝土的发货单。发货单应至少包括以下内容：a 合同编号；b 发货单编号；c 工程名称；需方；e 供方；f 浇筑部位；g 混凝土标记；h 本车供货量；i 运输车号；j 交货地点；k 交货日期；l 发车时间和到达时间；m 双方交接人签字。

第二节　地基处理监督检查

2.1　施工方案或技术方案齐全

《电力工程地基处理技术规程》DL/T 5024-2005 的 5.0.12 条规定，地基处理的施工应有详细的施工组织设计、施工质量管理和质量保证措施。应有专人负责施工检验与质量监督，做好各项施工记录，当发现异常情况时，应及时会同有关部门研究解决。

2.2　地基验槽符合设计，验收签字齐全

《建筑地基基础工程施工质量验收规范》GB 50202-2018 的 A.1.1 条规定，所有建(构)筑物均应进行施工验槽；A.2.6 条规定，基槽检验应填写验槽记录或检验报告。

2.3　地基处理材料性能符合设计要求，质量证明文件齐全

1.《建筑地基基础工程施工质量验收规范》GB 50202-2018 的 4.4.1 规定，施工前应对土工合成材料的物理性能(单位面积的质量、厚度、比重)、强度、延伸率以及土、砂石料等做检验。土工合成材料以 100 ㎡ 为一批，每批应抽查 5%；2.《建筑地基处理技术规范》JGJ 79-2012 的 4.2.1 条规定，垫层材料的选用应符合下列要求：1 砂石。宜选用碎石、卵石、角砾、圆砾、砾砂、粗砂、中砂或石屑，并应级配良好，不含植物残体、垃圾等杂质。当使用粉细砂或石粉时，应掺入不少于总重量 30% 的碎石或卵石。砂石的最大粒径不宜大于 50mm。对湿陷性黄土或膨胀土地基，不得选用砂石等透水性材料。2 粉质黏土。土料中有机质含量不得超过 5%，且不得含有冻土或膨胀土。当含有碎石时，其最大粒径不宜大于 50mm。用于湿陷性黄土或膨胀土地基的粉质黏土垫层，土料中不得夹有砖、瓦或石块等。3 灰土。体积配合比宜为 2：8 或 3：7。石灰宜选用新鲜的消石灰，其最大粒径不得大于 5mm。土料宜选用粉质黏土，不宜使用块状黏土，且不得含有松软杂质，土料应过筛且最大粒径不得大于 15mm。

4 粉煤灰。选用的粉煤灰应满足相关标准对腐蚀性和放射性的要求。粉煤灰垫层上宜覆土 0.3m~0.5m。粉煤灰垫层中采用掺加剂时，应通过试验确定其性能及适用条件。粉煤灰垫层中的金属构件、管网应采取防腐措施。大量填筑粉煤灰时，应经场地地下水和土壤环境的不良影响评价合格后，方可使用。5 矿渣。宜选用分级矿渣、混合矿渣及原状矿渣等高炉重矿渣。矿渣的松散重度不应小于 11 kN/m3，有机质及含泥总量不得超过 5%。垫层设计、施工前应对所选用的矿渣进行试验，确认性能稳定并满足腐蚀性和放射性安全的要求。对易受酸、碱影响的基础或地下管网不得采用矿渣垫层。大量填筑矿渣时，应经场地地下水和土壤环境的不良影响评价合格后，方可使用。7 土工合成材料加筋垫层所选用土工合成材料的品种与性能及填料，通过设计计算并进行现场试验后确定。土工合成材料应采用抗拉强度较高、耐久性好、抗腐蚀的土工带、土工格栅、土工格室、土工垫或土工织物等土工合成材料。垫层填料宜用碎石、角砾、砾砂、粗砂、中砂等材料，且不宜含氯化钙、碳酸钠、硫化物等化学物质。当工程要求垫层具有排水功能时，垫层材料应具有良好的透水性。在软土地基上使用加筋垫层时，应保证建筑物稳定并满足允许变形的要求。

2.4 地基处理材料实验

1.《建筑地基基础设计规范》GB50007-2011 的 6.3.8 条规定，压实填土的最大干密度和最优含水量，应采用击实试验确定。

2.5 分层夯实实验、压实系数符合要求

1.《电力工程地基处理技术规程》DL/T5024-2005 的 4.1.5 条规定，对灰土地基、砂和砂石地基、土工合成材料地基、粉煤灰地基、强夯地基、注浆地基、预压地基，其竣工后的结果（地基强度或承载力）必须达到设计要求的标准；6.1.12 条规定，垫层的质量检验必须分层进行。跟踪检验每层的压实系数，及时控制每层、每片的质量指标。

2.6 地基承载力检测报告结论符合要求

1.《建筑地基处理技术规范》JGJ 79-2012 的 4.4.4 条规定，竣工验收应采用静荷载试验检验垫层承载力，且每个单体工程不宜少于 3 个点；对于大型工程应按单体工程的数量或工程划分的面积确定检验点数。

2.7 施工记录、验收记录齐全

1.《建筑地基处理技术规范》JGJ79-2012 的 3.0.12 条规定，地基处理施工中应有

专人负责质量控制和监测，并做好施工记录；2.《建筑地基基础工程施工质量验收规范》GB 50202-2002 的 8.0.1 条规定，分项工程、分部（子分部）工程质量的验收，均应在施工单位自检合格的基础上进行。施工单位确认自检合格后提出工程验收申请，工程验收时应提供下列技术文件和记录：原材料的质量合格证和质量鉴定文件；施工记录及隐蔽工程验收文件；检测试验及见证取样文件；其他必须提供的文件或记录。

第二章 架空输电线路杆塔组立前监督检查

杆塔组立前阶段的质量监督检查是对"土石方工程、基础工程"两个分部工程参建单位质量行为和实体质量的检查,必要时进行质量监督检测印证。

第一部分 质量行为监督检查

第一节 建设单位质量行为检查

1.1 按规定组织基础施工阶段设计交底和施工图会检

《输变电工程项目质量管理规程》DL/T 1362-2014 的 5.3.1 条规定,建设单位应在变电单位工程和输电分部工程开工前组织设计交底和施工图会检。未经会检的施工图纸不得用于施工。

1.2 本阶段采用强制性条文执行检查

《输变电工程项目质量管理规程》DL/T 1362-2014 的 4.4 条规定,参建单位应严格执行工程建设标准强制性条文。

1.3 基础施工阶段采用的新技术、新工艺、新流程、新装备、新材料已审批

《实施工程建设强制性标准监督规定》建设部令第 81 号(2015 年修正)的第五条规定,建设工程勘察、设计文件中规定采用的新技术、新材料,可能影响建设工程质量和安全,又没有国家技术标准的,应当由国家认可的检测机构进行试验、论证,出具检测报告,并经国务院有关主管部门或者省、自治区、直辖市人民政府有关主管部门组织的建设工程技术专家委员会审定后,方可使用。工程建设中采用国际标准或者国外标准,现行强制性标准未作规定的,建设单位应当向国务院住房城乡建设主管部门或者国务院有关主管部门备案。

1.4 基础施工阶段中间验收报告

《输变电工程项目质量管理规程》DL/T 1362-2014 的 5.3.6 条规定,建设单位应按照 14 章的规定组织中间验收,并应在确认发现的问题整改闭环后向质量监督机构申请质量监督检查。

第二节　勘察设计单位质量行为检查

2.1　本阶段设计图纸交付进度不影响工程进度

《输变电工程项目质量管理规程》DL/T1362—2014 中 6.1.7 条规定,设计单位应编制施工图交付计划;

2.2　本阶段设计交底完成

《建设工程勘察设计管理条例(2015 修订)》中华人民共和国国务院令 [2015] 第 662 号第三十条规定,建设工程勘察、设计单位应当在建设工程施工前,向施工单位和监理单位说明建设工程勘察、设计意图,解释建设工程勘察、设计文件。

2.3　设计变更文件

《输变电工程项目质量管理规定》DL/T1362—2014 的 6.3.8 规定,工程设计单位应工程实际需要进行变更。

2.4　基础施工阶段按规定参加工程质量验收并签证

《建筑工程施工质量验收统一标准》GB 50300-2013 的 6.0.3 规定,分部工程应由总监理工程师组织施工单位项目负责人和项目技术负责人等进行验收。勘察、设计单位项目负责人和施工单位技术、质量部门负责人应参加地基与基础分部工程的验收。设计单位项目负责人和施工单位技术、质量部门负责人应参加主体结构、节能分部工程的验收;6.0.6 规定,建设单位收到工程竣工报告后,应由建设单位项目负责人组织监理、施工、设计、勘察等单位项目负责人进行单位工程验收。

2.5　强执行条纹落实情况

《输变电工程项目质量管理规程》DL/T 1362-2014 的 6.2.1 条规定,勘察、设计单位应根据工程质量总目标进行设计质量管理策划,并应编制下列设计质量管理文件;a) 设计技术组织措施;b) 达标投产或创优实施细则;c) 工程建设标准强制性条文执行计划;d) 执行法律法规、标准、制度的目录清单;6.2.2 规定,勘察、设计单位应在设计前将设计质量管理文件报建设单位审批。如有设计阶段的监理,则应报监理单位审查、建设单位批准。

2.6 核实本阶段图纸上签字的注册建筑师、注册结构师、注册电气师等人员

《建设工程质量管理条例》中华人民共和国国务院令第 279 号（2001）第十九条规定，勘察、设计单位必须按照工程建设强制性标准进行勘察、设计，并对其勘察、设计的质量负责。注册建筑师、注册结构工程师等注册执业人员应当在设计文件上签字，对设计文件负责。

2.7 设计代表工作到位、处理设计问题及时

《建设工程勘察设计管理条例 (2015 修订)》中华人民共和国国务院令 [2015] 第662 号第三十条规定，建设工程勘察、设计单位应当及时解决施工中出现的勘察、设计问题。

2.8 进行了本阶段工程实体质量与勘察设计的符合性确认

《电力勘测设计驻工地代表制度》DLGJ159.8-2001 的 5.0.3 条规定，工代应坚持经常深入施工现场，调查了解施工是否与设计要求相符，并协助施工单位解决施工中出现的具体技术问题，做好服务工作，促进施工单位正确执行设计规定的要求；对于发现施工单位擅自作主，不按设计规定要求进行施工的行为，应及时指出，要求改正，如指出无效，又涉及安全、质量等原则性、技术性问题，应将问题事实与处理过程用"备忘录"的形式书面报告建设单位和施工单件，同时向设总和处领导汇报。

第三节 监理单位质量监督检查

3.1 专业监理人员配备合理，资格证书与承担的任务相符

《建设工程监理规范》GB/T 50319-2013 的 3.1.2 条规定，项目监理机构的监理人员应由总监理工程师、专业监理工程师和监理员组成，且专业配套、数量应满足建设工程监理工作需要，必要时可设总监理工程师代表。

3.2 检测仪器和工具满足本阶段监理工作需要

1.《中华人民共和国计量法实施细则 》（2018 年修订本）第四条规定，计量基准器具（简称计量基准，下同）的使用必须具备下列条件：（一）经国家鉴定合格；（二）具有正常工作所需要的环境条件；（三）具有称职的保存、维护、使用人员；（四）具有完善的管理制度。2.《中华人民共和国计量法》主席令 16 号第九条规定，县级以上人民政府计量行政部门对社会公用计量标准器具，部门和企业、事业单位使用的最高计量标准器具，以及用于贸易结算、安全防护、医疗卫生、环境监测方面的列入强制检定目录的工作计量器具,实行强制检定。未按照规定申请检定或者检定不合格的,不得使用。

3.3 组织补充完善本阶段施工质量验收项目划分表

《电力建设工程监理规范》DL/T 5434—2009 的 9.1.2 条规定,项目监理机构应审查承包单位编制的质量计划和工程质量验收及评定项目划分表,提出监理意见,报建设单位批准后监督实施。

3.4 本阶段工程建设强制性条文已确认

《输变电工程项目质量管理规程》DL/T 1362-2014 的 7.3.5 规定,监理单位应监督施工单位质量管理体系的有效运行,应监督施工单位按照技术标准和设计文件进行施工,应定期检查工程建设标准强制性条文执行情况。

3.5 特殊施工技术措施已审批

《建设工程监理规范》GB/T50319—2013 的 5.5.3 条规定,项目监理机构应审查施工单位报审的专项施工方案,符合要求的,应由总监理工程师签认后报建设单位。超过一定规模的危险性较大的分部分项工程的专项施工方案,应检查施工单位组织专家进行论证、审查的情况,以及是否附具安全验算结果。

3.6 补充完善监理实施细则,并已审批

《建设工程监理规范》GB/T50319—2013 的 4.3.2 条规定,监理实施细则应在相应工程施工开始前由专业监理工程师编制,并应报总监理工程师审批;4.3.3 条规定,监理实施细则的编制应依据下列资料:

1 监理规划。2 工程建设标准、工程设计文件。3 施工组织设计、(专项)施工方案;4.3.4 条规定,监理实施细则应包括下列主要内容:

1 专业工程特点。2 监理工作流程。3 监理工作要点。4 监理工作方法及措施;4.3.5 条规定,在实施建设工程监理过程中,监理实施细则可根据实际情况进行补充、修改,并应经总监理工程师批准后实施。

3.7 对进场的工程材料、设备、构配件的质量进行检查验收及原材料复检的见证取样

1.《建设工程质量管理条例》中华人民共和国国务院令(第 279 号)(2000)第三十七条规定,未经监理工程师签字,建筑材料、建筑构配件和设备不得在工程上使用或者安装,施工单位不得进行下一道工序的施工;2.《电力建设工程监理规范》

DL/T 5434-2009 的

7.2.3 条规定，见证取样。对规定的需取样送试验室检验的原材料和样品，经监理人员对取样进行见证、封样、签认。

3.8 质量问题及处理台账完整，记录齐全

《建设工程监理规范》GB/T 50319—2013 的 5.2.15 条规定，项目监理机构发现施工存在质量问题的，或施工单位采用不适当的施工工艺，或施工不当，造成工程质量不合格的，应及时签发监理通知单，要求施工单位整改。整改完毕后，项目监理机构应根据施工单位报送的监理通知回复单对整改情况进行复查，提出复查意见；5.2.17 条规定，对需要返工处理或加固补强的质量事故，项目监理机构应要求施工单位报送质量事故调查报告和经设计等相关单位认可的处理方案，并应对质量事故的处理过程进行跟踪检查，同时应对处理结果进行验收。项目监理机构应及时向建设单位提交质量事故书面报告，并应将完整的质量事故处理记录整理归档。

3.9 完成基础工程施工质量验收

1.《建设工程监理规范》GB/T50319—2013 的 5.2.14 条规定，项目监理机构应对施工单位报验的隐蔽工程、检验批、分项工程和分部工程进行验收，对验收合格的应给予签认；对验收不合格的应拒绝签认，同时应要求施工单位在指定的时间内整改并重新报验。2.《输变电工程项目质量管理规程》DL/T 1362-2014 的 7.3.8 条规定，监理单位应对施工单位报验的隐蔽工程、检验批、分项工程和分部工程进行验收，对验收合格的应签字确认，对验收不合格的应要求施工单位在指定时间内整改并重新报验。

3.10 对基础施工阶段工程质量提出评价意见

《输变电工程项目质量管理规程》DL/T 1362-2014 的 14.2.1 条规定，变电工程应分别在主要建（构）筑物基础基本完成、土建交付安装前、投运前进行中间验收，输电线路工程应分别在杆塔组立前、导地线架设前、投运前进行中间验收。投运前中间验收可与竣工预验收合并进行。中间验收中收到初检申请并确认符合条件后，监理单位应组织进行初检，在初检合格后，应出具监理初检报告并向建设单位申请中间验收。

3.11 基础施工阶段监理初检报告

《输变电工程项目质量管理规程》DL/T 1362-2014 的 9.4.3 条规定施工单位三级

自检合格后,应向监理单位申请初检。

第四节　施工单位质量行为质量监督检查

4.1　项目部组织机构健全，专业人员配置合理

《输变电工程项目质量管理规程》DL/T 1362-2014 的 9.1.5 条规定,施工单位应按照施工合同约定组建施工项目部,应提供满足工程质量目标的人力、物力和财力的资源保障。

4.2　特殊工种人员持证上岗

《特种作业人员安全技术培训考核管理办法》国家安全生产监督管理总局令第30 号（2010）（2015 年 5 月 29 日国家安全监管总局令第 80 号修正。）第五条规定,特种作业人员必须经专门的安全技术培训并考核合格,取得《中华人民共和国特种作业操作证》（以下简称特种作业操作证）后,方可上岗作业。

4.2　基础施工方案已审批

《建筑施工组织设计规范》GB/T 50502-2009 的 3.0.5 规定,施工组织设计的编制和审批应符合下列规定:

1 施工组织设计应由项目负责人主持编制,可根据需要分阶段编制和审批；2 施工组织总设计应由总承包单位技术负责人审批；3. 单位工程施工组织设计应由施工单位技术负责人或技术负责人授权的技术人员审批,施工方案应由项目技术负责人审批；4. 重点、难点分部（分项）工程和专项工程施工方案应由施工单位技术部门组织相关专家评审,施工单位技术负责人批准。

4.3　基础技术交底记录齐全

《输变电工程项目质量管理规程》DL/T 1362-20149.3.4 施工过程中,施工单位应主要开展下列质量控制工作：b）在变电各单位工程、线路各分部工程开工前进行技术培训交底。

4.4　计量工器具经检定合格，且在有效期内

1. 中华人民共和国计量法实施细则 》（2018 年修订本）第四条规定,计量基准器具（简称计量基准,下同）的使用必须具备下列条件：（一）经国家鉴定合格；（二）具有正常工作所需要的环境条件；（三）具有称职的保存、维护、使用人员；（四）具有完善的管理制度。2.《中华人民共和国计量法》主席令 16 号第九条规定,县级以上

人民政府计量行政部门对社会公用计量标准器具，部门和企业、事业单位使用的最高计量标准器具，以及用于贸易结算、安全防护、医疗卫生、环境监测方面的列入强制检定目录的工作计量器具，实行强制检定。未按照规定申请检定或者检定不合格的，不得使用。

4.5 按照检测试验项目计划进行了见证的取样和送检，台账完整

《建筑工程检测试验技术管理规范》JGJ 190-2010 的 3.0.6 条规定，见证人员必须对见证取样和送检的过程进行见证，且必须确保见证取样和送检过程的真实性；5.5.1 条规定施工现场应按照单位工程分别建立下列试样台账：

1 钢筋试样台账；2 钢筋连接接头试样台账；3 混凝土试件台账；4 砂浆试件台账；5 需要建立的其他试样台账。

4.6 原材料、成品、半成品、商品混凝土的跟踪管理台账清晰，记录完整

《输变电工程项目质量管理规程》DL/T 1362-2014 的 9.3.4 条规定施工过程中，施工单位应主要开展，建立钢筋、水泥等主要原材料的质量跟踪台账。

4.7 基础工程开工报告已审批

《工程建设施工企业质量管理规范》GB/T 50430-2017 的 10.4.2 条规定，项目部应确认施工现场已具备开工条件，进行报审、报验，提出开工申请，经批准后方可开工。

4.8 完善本阶段专业绿色施工措施已制定

《建筑工程绿色施工规范》GB/T 50905-2014 的 4.0.2 条规定，施工单位应编制包含绿色施工管理和技术要求的工程绿色施工组织设计、绿色施工方案或绿色施工专项方案，并经审批通过后实施。

4.9 本阶段工程建设强制性条文实施计划已制定

《输变电工程项目质量管理规程》DL/T 1362-2014 的 9.2.2 条规定，工程开工前，施工单位应根据施工质量管理策划编制质量管理文件，并应报监理单位审核、建设单位批准。质量管理文件应包括下列内容包括：d）工程建设标准强制性条文执行计划；

4.10 无违规转包或违法分包工程的行为

《中华人民共和国建筑法》中华人民共和国主席令第 46 号（2011）第二十八条规

定，禁止承包单位将其承包的全部建筑工程转包给他人，禁止承包单位将其承包的全部建筑工程肢解以后以分包的名义转包给他人。

4.11 施工验收中的不符合项已整改和验收

《输变电工程项目质量管理规程》DL/T 1362-2014 的 14.1.1 规定，前一阶段质量验收所发现的不符合项应及时进行纠偏处理。质量问题未得到关闭，不得进行下一阶段工作。

4.12 基础分部工程质量评定统计表

《110kV--750kV架空输电线路施工及验收规范质量检验及评定规程》DL/T5168—2016 的 C.0.1(基础分部工程质量评定统计表)；

4.13 基础阶段三级自检报告

《输变电工程项目质量管理规程》DL/T 1362-2014 的 9.4.2 条规定，施工单位应按施工质量验收范围划分表执行班组自检、项目部复检、公司专检。三级自检应符合下列要求：a)班组自检率100%，项目部复检率100%，公司专检率不得低于30%，且变电工程应覆盖所有分型工程，线路工程耐张塔、重要跨越塔应全检。B)线路工程在单元工程施工完成后，应由班组进行自检；在分项工程完成后，应由项目部进行复检；在分部工程完成后，应由施工单位质量管理部门进行专检。

第五节　检测试验机构质量行为检查

5.1 基础阶段检测试验机构已通过能力认定并取得相应证书

《建设工程质量检测管理办法》中华人民共和国建设部令第 141 号（2005）第四条规定，检测机构未取得相应的资质证书，不得承担本办法规定的质量检测业务。

5.2 检测机构检测人员资格符合规定

《房屋建筑和市政基础设施工程质量检测技术管理规范》GB 50618-2011 的 4.1.5 条规定，检测操作人员应经技术培训、通过建设主管部门或委托有关机构的考核，方可从事检测工作。

5.3 检测机构检测仪器、设备检定合格，且在有效期内

1.《检验检测机构诚信基本要求》GB/T 31880-2015 的 4.3.1 条规定，设备设施检验检测设备应定期检定或校准，设备在规定的检定和校准周期内应进行期间核查；

5.4 检测依据正确、有效，报告及时规范

《检验检测机构资质认定管理办法》国家质量监督检验检疫总局令第 163 号 (2015) 第二十五条规定，检验检测机构应当在资质认定证书规定的检验检测能力范围内，依据相关标准或者技术规范规定的程序和要求，出具检验检测数据、结果。检验检测机构出具检验检测数据、结果时，应当注明检验检测依据，并使用符合资质认定基本规范、评审准则规定的用语进行表述。检验检测机构对其出具的检验检测数据、结果负责，并承担相应法律责任。

第二部分 工程实体质量监督检查

第一节 基础施工用原材料质量监督检查

1.1 水

1.《混凝土用水标准》JGJ63-2006 的 3.1.1 规定，混凝土拌合用水水质要求应符合表 3.1.1 的规定。2.《混凝土质量控制标准》GB 50164-2011 的 2.6.2 条规定，混凝土用水主要控制项目应包含 PH 值、不溶物含量、可溶物含量、硫酸根离子含量、氯离子含量、水泥凝结时间差和水泥胶砂强度比。当混凝土骨料为碱活性时，主要控制项目还应包括碱含量。

1.2 水泥

1.《混凝土质量控制标准》GB50164—2011 的 2.1.2 条规定，水泥质量主要控制项目应包括凝结时间、安定性、胶砂强度、氧化镁和氯离子含量，碱含量低于 0.6% 的水泥主要控制项目还应包括碱含量，中、低热硅酸盐水泥或低热矿渣硅酸盐水泥主要控制项目还应包括水化热。2.《混凝土结构工程施工规范》GB50204—2015 的 7.2.1 条规定，水泥进场时，应对其品种、代号、强度等级、包装或散装仓号、出厂日期等进行检查，并应对水泥的强度、安定性和凝结时间进行检验，检验结果应符合现行国家标准《通用硅酸盐水泥》GB 175 的相关规定。检查数量:按同一厂家、同一品种、同一代号、同一强度等级、同一批号且连续进场的水泥，袋装不超过 200t 为一批，散装不超过 500t 为一批，每批抽样数量不应少于一次。

1.3　粗骨料

《混凝土质量控制标准》GB50164—2011 的 2.2.2 规定,粗骨料质量主要控制项目应包括颗粒级配、针片状颗粒含量、含泥量、泥块含量、压碎值指标和坚固性,用于高强混凝土的粗骨料主要控制项目还应包括岩石抗压强度;2.2.3 条规定,粗骨料在应用方面应符合下列规定:1 混凝土粗骨料宜采用连续级配。2 对于混凝土结构,粗骨料最大公称粒径不得大于构件截面最小尺寸的 1/4,且 不得大于钢筋最小净间距的 3/4;对 混凝土实心板,骨 料的最大公称粒径不宜大于板厚的 1/3,且 不得大于 40mm;对 于大体积混凝土,粗 骨料最大公称粒径不宜小于 31.5mm。3 对于有抗渗、抗冻、抗腐蚀、耐磨或其他特殊要求的混凝土,粗 骨料中的含泥量和泥块含量分别不应大于 1.0% 和 0.5%;坚 固性检验的质量损失不应大于 8%。4 对于高强混凝土,粗骨料的岩石抗压强度应至少比混凝土设计强度高 30%;最大公称粒径不宜大于 25rrun,针 片状颗粒含量不宜大于 5% 且 不应大于 8%;含 泥量和泥块含量分别不应大于 0.5% 和 0.2%。5 对粗骨料或用于制作粗骨料的岩石,应 进行碱活性检验,包括碱 - 硅 酸反应活性检验和碱 - 碳 酸盐反应活性检验;对手有预防混凝土碱 - 骨料反应要求的混凝土工程,不宜采用有碱活性的粗骨料。《普通混凝土用砂、石质量检验方法标准》JGJ 52-2006 的 1.0.3 条规定,对于长期处于潮湿环境的重要混凝土结构所用的砂、石,应进行碱活性检验。

1.4　细骨料

《混凝土质量控制标准》GB50164—2011 的 2.3.2 条 2.3.2 条规定,细骨料质量主要控制项目应包括颗粒级配、细度模数、含泥量、泥块含量、坚固性、氯离子含量和有害物质含量;海砂主要控制项目除应包括上述指标外尚应包括贝壳含量;人工砂主要控制项目除应包括上述指标外尚应包括石粉含量和压碎值指标,人工砂主要控股之项目可不包括氯离子含量和有害物质含量;2.3.3 条规定,细骨料的应用应符合下列规定:1 泵送混凝土宜采用中砂,且 300um 筛孔的颗粒通过量不宜少于15%。2 对于有抗渗、抗冻或其他特殊要求的混凝土,砂中的含泥量和泥块含量分别不应大于 3.0% 和 1.0%;坚 固性检验的质量损失不应大于 8%。3 对于高强混凝土,砂 的细度模数宜控制在 2.6~ 3.0 范 围之内,含泥量和泥块含量分别不应大于2.0% 和 0.5%。4 钢筋混凝土和预应力混凝土用砂的氯离子含量分别不应大于 0.06%和 0,02 %。5 混凝土用海砂应经过净化处理。6 混凝土用海砂氯离子含量不应大于 0.03%,贝壳含量应符合表 2.3.3-1 的规定。海砂不得用于预应力混凝土。7 人工砂中的石粉含量应符合表 2.3.3-2 的规定。8 不宜单独采用特细砂作为细骨料配制混凝土。9 河砂和海砂应进行碱 - 硅酸反应活性检验；人工砂应进行碱 - 硅酸反应活性检验和碱 - 碳酸盐反应活性检验；对于有预防混凝土碱 - 骨料反应要求的工程，不宜采用有碱活性的砂。《普通混凝土用砂、石质量检验方法标准》JGJ 52-2006 的 1.0.3 条规定，对于长期处于潮湿环境的重要混凝土结构所用的砂、石，应进行碱活性检验。

1.5 混凝土矿物掺合料

《混凝土质量控制标准》GB50164—2011 的 2.4.1 条规定，用于混凝土中的矿物掺合料可包括粉煤灰、粒化高炉矿渣粉、硅灰、沸石粉、钢渣粉、磷渣粉；可采用两种或两种以上的矿物掺合料按一定比例混合使用。粉煤灰应符合现行国家标准《用于水泥和混凝土中的粉煤灰》GB/T1596 的有关规定，粒化高炉矿渣粉应符合现行国家标准《用于水泥和混凝土中的粒化高炉矿渣粉》GB/T18046 的有关规走，钢渣粉应符合现行国家标准《用于水泥和混凝土中的钢渣粉》GB/T20491 的有关规定，其他矿物掺合料应符合相关现行国家标准的规定并满足混凝土性能要求；矿物掺合料的放射性应符合现行国家标准《建筑材料放射性核素限量》GB 6566 的有关规定；2. 4.2 条规定，粉煤灰的主要控制项目应包括细度、需水量比、烧失量和三氧化硫含量，C 类粉煤灰的主要控制项目还应包括游离氧化钙含量和安定性；粒化高炉矿渣粉的主要控制项目应包括比表面积、活性指数和流动度比；钢渣粉的主要控制项目应包括比表面积、活性指数 t 流动度比、游离氧化钙含量、三氧化硫含量、氧化镁含量和安定性；磷渣粉的主要控制项目应包括细度、活性指数、流动度比、五氧化二磷含量和安定性；硅灰的主要控制项目应包括比表面积和二氧化硅含量。矿物掺合料的主要控制项目还应包括放射性；2. 4.3 矿物掺合料的应用应符合下列规定：1 掺用矿物掺合料的混凝土，宜采用硅酸盐水泥和普通硅酸盐水泥。2 在混凝土中掺用矿物掺合料时，矿物掺合料的种类和掺量应经试验确定。3 矿物掺合料宜与高效减水剂同时使用。4 对于高强混凝土或有抗渗、抗冻、抗腐蚀、耐磨等其他特殊要求的混凝土，不宜采用低于Ⅱ级的粉煤灰。5 对于高强混凝土和有耐腐蚀要求的混凝土，当需要采用硅灰时，不宜采用二氧化硅含量小于 90% 的硅灰。

1.6 外加剂

《混凝土质量控制标准》GB50164—2011 的 2.5.2 条规定，外加剂质量主要控制项目应包括掺外加剂混凝土性能和外加剂匀质性两方面，混凝土性能方面的主要控制项目应包括减水率，凝结时间差和抗压强度比，外加剂匀质性方面的主要控制项目应包括 pH 值、氯离子含量和碱含量；引气剂和引气减水剂主要控制项目还应包括含气量；防冻剂主要控制项目还应包括含气量和 50 次冻融强度损失率比；膨胀剂主要控制项目还应包括凝结时间、限制膨胀率和抗压强度；2.5.3 外加剂的应用除应符合现行国家标准《混凝土外加剂应用技术规范》GB 50199 的有关规定外，尚应符合下列规定：1 在混凝土中掺用外加剂时，外加剂应与水泥具有良好的

适应性，其种类和掺量应经试验确定。2 高强混凝土宜采用高性能减水剂；有抗冻要求的混凝土宜采用引气剂或引气减水剂；大体积混凝土宜采用缓凝剂或缓凝减水剂；混凝土冬期施工可采用防冻剂。3 外加剂中的氯离子含量和碱含量应满足混凝土设计要求。4 宜采用液态外加剂。

1.7　钢筋

《混凝土结构工程施工质量验收规范》GB50204—2015 的 5.2.1 条规定，钢筋进场时，应按国家现行标准《钢筋混凝土用钢第 1 部分：热轧光圆钢筋》GB 1499.1、《钢筋混凝土用钢第 2 部分：热轧带肋钢筋》GB 1499.2、《钢筋混凝土用余热处理钢筋》GB 13014、《钢筋混凝土用钢 第 3 部分：钢筋焊接网）GB/T1499.3、《冷轧带肋钢筋》GB 13788、《高延性冷轧带肋钢筋》YB/T 4260、《冷轧扭钢筋》JG 190 及《冷轧带肋钢筋混凝土结构技术规程＞JGJ 95，《冷轧扭钢筋混凝土构件技术规程》JGJ115、《冷拔低碳钢丝应用技术规程》JGJ 19 抽取试件作屈服强度、抗拉强度、伸长率、弯曲性能和重量偏差检验，检验结果应符合相应标准的规定。5.2.3 条规定，对按一、二、三级抗震等级设计的框架和斜撑构件（含梯段）中的纵向受力普通钢筋应采用腿 B335E、HRB400E、HRB500E、HRBF335E、HRBF400E 或 HRBF500E 钢筋. 其强度和最大力下总伸长率的实测值应符合下列规定：

1 抗拉强度实测值与屈服强度实测值的比值不应小于 1.25；2 屈服强度实测值与屈服强度标准值的比值不应大于 1.30；3 最大力下总伸长率不应小于 9%。

1.8　钢筋焊接连接

1.《钢筋焊接及验收规程》JGJ 18-2012 的 4.1.3 规定，在钢筋工程焊接开工之前，参与该项工程施焊的焊工必须进行现场条件下的焊接工艺试验，应经试验合格后，方准于焊接生产；3.0.6 条规定，施焊的各种钢筋、钢板均应有质量证明文件；焊丝、焊条、焊剂、氧气、熔接乙炔、液化石油气、二氧化碳气体、应有产品合格证等产品合格证书；5.1.9 条规定，钢筋焊接接头或焊接制品验收时，应在施工单位自行质量评定合格的基础上，由监理（建设）单位对检验批有关资料进行检查，组织项目质量检查员进行验收，并应按本规程附录 A 规定记录。2.《混凝土结构工程施工质量验收

规范》GB 50204-2015 的 5.4.2 规定，应按现行行业标准《钢筋机械连接技术规程》JGJ107、《钢筋焊接及验收规程》JGJ18 的规定抽取钢筋机械连接接头、焊接接头试件作力学性能检验，检验结果应符合相关标准的规定。

1.9　钢筋机械连接

1.《钢筋机械连接用套筒》JG/T163—2013 的 4.3.1 条规定，套筒标记应由名称代号、型式代号、钢筋强度级别、钢筋公称直径等四部分组成；8.2.3 条规定，套筒出厂时套筒包装内应附有产品合格证及质量证明书；2.《混凝土结构工程施工规范》GB 50666-2011 的 5.5.5 规定，钢筋连接施工的质量检查应符合下列规定：钢筋焊接和机械连接施工前均应进行工艺试验，且应按现行行业标准《钢筋机械连接技术规程》JGJ107、《钢筋焊接及验收规程》JGJ18 的有关规定抽取钢筋机械连接接头、焊接接头试件作力学性能检验。5.4.3 条规定，钢筋采用机械连接时，螺纹接头应检验拧紧扭矩值，挤压接头应测量压痕直径。3.《钢筋机械连接技术规程》JGJ107—2016 的 3.0.4 条规定，接头应根据抗拉强度，残余变形以及高应力和大变形条件下反复拉压性能的差异分为Ⅰ级、Ⅱ级、Ⅲ级三个性能等级。3.0.5 条规定，Ⅰ级、Ⅱ级、Ⅲ级接头的极限抗拉强度必须符合表 3.0.5 的规定。4.0.3 条规定，结构构件中纵向受力钢筋的接头宜相互错开。钢筋机械连接的连接区段长度应按 35d 计算，当直径不同的钢筋连接时，按直径较小的钢筋计算。7.0.1 条规定，工程中应用钢筋机械接头时，应对接头技术提供单位提交的街头相关技术资料进行审查和验收，并应包括下列内容：

1 工程所用街头的的有效的型式实验报告；2 连接件产品设计、接头加工安装要求的相关技术资料；3 连接件产品合格证和连接件原材料质量证明文件。7.0.2 条规定，接头统一检验应对不同钢筋生产厂的钢筋进行，施工过程中更换钢筋生产厂或接头技术提供单位时，应补充进行工艺检验，工艺检验应符合下列规定：

1 各种类型和型式接头都要进行工艺检验，检验项目包括单向拉伸极限抗拉强度和残余变形；2 每种规格钢筋接头不应少于 3 根；7.0.5 条规定，接头现场检验项目包括极限抗拉强度试验、加工和安装质量检验。抽检应按钢筋生产厂家、同强度等级、同规格、同类型和同型式接头应以 500 个为一个检验批进行检验与验收，不足500 个也作为一个检验批。7.0.6 条规定，螺纹接头安装后应根据本规程 7.0.5 条的验收批，抽取其中 10% 的接头进行拧紧扭矩校核，扭矩不合格数超过接头的 5% 时，应重新拧紧全部接头，知道合格为止。7.0.7 条规定，对接头的每一验收批应在工程结构中随机截取 3 个接头试件做极限抗拉强度试验，按设计要求的接头等级进行评定。当3个接头试件的极限抗拉强度均符合本规程表3．0．5中相应等级的强度要求时，该验收批应评为合格。当仅有1个试件的极限抗拉强度不符合要求，应再取6个试件进行复检。复检中仍有1个试件的极限抗拉强度不符合要求，该验收批应评为不合格。

1.10　混凝土

1.《混凝土结构工程施工规范》GB0666—2011的7.3.1条规定，混凝土配合比设计应经试验确定；7.4.5条规定，对首次使用的配合比应进行开盘鉴定，开盘鉴定应包括下列内容：

1混凝土的原材料与配合比设计采用的原材料的一致性；2出机混凝土工作性与配合比设计要求的一致性；3混凝土强度；4混凝土凝结时间；5混凝土有要求时，尚应包括混凝土耐久性能等；2.《混凝土结构工程施工质量验收规范》GB 50204-2015的7.3.1条规定，预拌混凝土进场时，其质量应符合现行国家标准《预拌混凝土》GB/T14902的规定。质量验收记录按附录A（表A.0.1检验批质量验收记录、表A.0.2分项工程质量验收记录、表A.0.3混凝土结构分部工程质量验收记录）填写；3.《预拌混凝土》GB/T14902—2012的10.2.1条规定，购买欲办混凝土时，供需双方应先签订合同。10.2.2规定，合同签订后，供方应按订货单组织生产和供应。订货单应至少包括以下内容：a订货单位及联系人；b施工单位及联系人；c工程名称；d浇筑部位及浇筑方式；e混凝土标记；f标记内容以外的技术要求；g订货量；h交货地点；i供货起止时间；10.3.1条规定，供货方按分部工程向需方提供同一配合比混凝土的出厂合格证。出厂合格证应至少包括以下内容：a出厂合格证编号；b合同编号；c工程名称；需方；e供方；f交货日期；g浇筑部位；h混凝土标记；i标记以外的技术要求；j供货量；k原材料的品种、规格、级别及检验报告编号；l混凝土质量评定；10.3.3条规定，供货方随每一辆运输车向需方提供该车混凝土的发货单。发货单应至少包括以下内容：a合同编号；b发货单编号；c工程名称；需方；e供方；f浇筑部位；g混凝土标记；h本车供货量；i运输车号；j交货地点；k交货日期；l发车时间和到达时间；m双方交接人签字。4.《大体积混凝土施工标准》；GB50496—2018的3.0.1条规定，大体积混凝土施工应编制施工组织设计或施工方案，并应由环境保护和安全施工的技术措施。3.0.3条规定，大体积混凝土施工前，应混凝土浇筑体的温度、温度应力及收缩应力进行试算，并确定混凝土浇筑体的升峰值，里表温差及降温速率的控制指标，制定相应的温度控制技术措施；4.2.1条规定，应选用水化热低的通用硅酸钠盐水泥，3d水化热不宜大于250kJ/kg，7d水化热不宜大于280kJ/kg；

当选用52.5强度等级水泥时,7d水化热宜小于300kJ/kg;5.2.8条规定,大体积混凝土施工前,应进行专业培训,并应逐级进行技术交底,同时建立岗位责任制和交接班制度。5.3.1条规定,大体积混凝土模板及支架应进行承载力、刚度和稳固性验算,并应大体积混凝土采用的养护方法进行保温构造设计。

1.11 地脚螺栓

《输电杆塔用地脚螺栓与螺母》DL/T1236—2013的5.1.1.2条规定,应在地脚螺栓露出地面端的端面用凹字或凸字制出性能等级标识和制造者识别标识,其标识要求应符合GB/T3098.1的规定;5.1.2.3条规定,双面倒角的螺母应在一支承面或侧面用凹字制出性能等级标识和制造者识别标识,单面倒角的螺母应在倒角的端面用凹字或凸字制出性能等级标识和制造者识别标识,其标识要求应符合GB/T3098.2的规定;6.1条规定,地脚螺栓机械性能的试验项目及方法按表15规定,热镀锌产品与应在镀锌后实施(表中明确最小抗拉强度和硬度常规实施项目);6.2条规定,螺母的机械性能的试验项目及方法按表16规定,热镀锌产品与应在镀锌后实施(表中明确 < 39mm规格的螺母进行保证荷载的拉力试验和硬度试验, > 39mm规格的螺母进行硬度试验);6.4条规定,a)验收检查按批进行;b)地脚螺栓与螺母的验收检查应在出厂前进行。试验用试样由供需双方协商确定,实验可从同一交检批的产品实物上取样,也可以选择按同一交检批一致的工艺技术要求制作能够满足试验的试样,供需双方在订货协议中明确;c)机械性能验收检查试验项目按表15、表16的规定,产品尺寸按第三章、第四章的规定,热侵镀锌按5.6规定,公差及表面缺陷按5.7规定;d)验收检查抽样方案及判定见表17(应提供验收检查报告);8.1条规定,制造者应根据地脚螺栓性能等级选取对应性能等级的螺母进行组配;8.2条规定,a)包装时,制造者应采取有效的保护措施,以防止螺纹损伤和生锈;b)产品包装方式由制造者确定,……;c)产品包装外表应有标识或标签。标识内容如下:地脚螺栓制造者名称、地脚螺栓产品名称、地脚螺栓产品性能等级、地脚螺栓产品规格、地脚螺栓产品数量或净重、地脚螺栓产品生产批号或溯源号、产品质量标记等;

第二节 线路复测及土石方工程的质量监督检查

2.1 线路复测表

《110kV--750kV架空输电线路施工质量检验及评定规程》DL/T5168—2016的A.0.1表;

2.2 各类测量桩（点）保护完好，标识醒目

《110kV～750kV架空输电线路施工及验收规范》GB 50233-2014的4.0.8条规定，设计交桩后丢失的杆塔位中心桩应按设计数据予以补桩。

2.3 分坑及开挖检查记录表

《110kV--750kV架空输电线路施工及验收规范质量检验及评定规程》DL/T5168—2016的A.0.2、A.0.3、A.0.4；

第三节　现场现浇基础的监督检查

3.1 施工方案

1.《110kV～750kV架空输电线路施工及验收规范》GB 50233-2014的1.0.4条规定，架空输电线路工程施工前应有经审批的施工组织设计文件和配套的施工方案等技术文件。

3.2 混凝土外观质量检查

1.《混凝土结构工程施工质量验收规范》GB 50204-2015的8.1.2条规定，现浇结构的外观质量缺陷应由监理单位，施工单位等各方根据其对结构性能和施工功能影响的严重程度按表8.1.2确定。2.《110kV～750kV架空输电线路施工及验收规范》GB 50233-2014的6.1.9条规定，整基杆塔基础尺寸偏差应符合表6.1.9的规定。6.2.17条规定，浇筑基础应表面平整，单腿尺寸允许偏差应符合下列规定：

1 保护层厚度的负偏差不得大于5mm；2 立柱及各底断面尺寸的负偏差不得大于1%；3 同组地脚螺栓中心或插入角钢心对设计值偏移不应大于10mm；4 地脚螺栓露出混凝土高度允许偏差为-5mm~+10mm；

3.3 混凝土试块

1《混凝土结构工程施工质量验收规范》GB 50204-2015的7.3.3条规定，结构混凝土的强度等级必须满足设计要求。用于检查结构构件混凝土强度的标准养护试件，应在混凝土的浇筑地点随机抽取。试件取样和留置应符合下列规定：

1 每拌制100盘且不超过100m³的同一配合比混凝土，取样不得少于一次；2 每工作班拌制的同一配合比的混凝土不足100盘时，取样不得少于一次；3 每次连续浇筑超过1000 m³时，同一配合比的混凝土每200m³取样不得 少于一次；4 每一楼层、同一配合比混凝土，取样不得少于一次；5 每次取样应至少留置一组试件。

2.《110kV～750kV架空输电线路施工及验收规范》GB 50233-2014的6.2.13条规定，试块制作数量应符合下列规定：

1 耐张塔和悬垂转角塔基础每基应取一组；2 一般线路的悬垂直线塔基础，同一施工队每5基或不满5基应取一组，单基或连续浇筑混凝土量超过100m³时亦应取一组；3 按大跨越设计的直线塔基础及拉线基础，每腿应取一组，但当基础混凝土量不超过同工程中大转角或终端塔基础时，则每基应取一组；4 当原材料变化、配合比变更时应另外制作试块。6.2.12条规定，试块应在现场浇筑过程中随机取样制作，并应采用标准养护。当有特殊需要时，应加做同条件养护试块。3.《±800kV及以下直流架空输电线路工程施工及验收规程》DL/T 5235-2010的6.2.9条规定，试块应在现场浇制过程中随机取样制作，其养护条件应与基础基本相同。同条件养护的试件应在达到等效养护龄期时进行强度试验。4.《电气装置安装工程66kV及以下架空电力线路施工及验收规范》GB50173—2014的6.2.9条规定，试块应在现场浇制过程中随机取样制作，其养护条件应与基础基本相同。5.《大体积混凝土施工标准》GB50496—2018的5.7.1条规定，当一次连续浇筑不大于1000m³同配合比的大体积混凝土时，混凝土强度试件现场取样不应少于10组；5.7.2条规定，当一次连续浇筑1000m³—5000m³同配合比的大体积混凝土时，超出1000m³的混凝土，每增加500m³，取样不应少于1组，增加不足500m³时取样一组；5.7.3条规定，当一次连续浇筑大于5000m³同配合比的大体积混凝土时，超出5000m³的混凝土，每增加1000m³，取样不应少于1组，增加不足1000m³时取样一组。6.《混凝土强度检验评定标准》GB/T50107-2010的5.1条规定，统计方法评定混凝土强度的检验评定要求；5.2条规定，非统计方法评定混凝土强度的检验评定要求；

3.4 现浇铁塔基础检查及评级记录

《110kV--750kV架空输电线路施工及验收规范质量检验及评定规程》DL/T5168—2016的B.0.1表

3.5 基础回填分层夯实试验报告

《110kV--750kV架空输电线路施工及验收规范》GB50233—2014的5.0.12条规定，杆塔基础坑及拉线基础坑的回填应分层夯实，回填后坑口上应筑防沉层，其上部边宽不得小于坑口边宽。有防沉的防沉层应及时补填夯实，工程移交时回填土不应低于地面。

3.6　跟踪记录台账

《电力建设施工技术规范 第 1 部分：土建结构工程》DL 5190.1-2012 的 3.0.2 条规定，工程所用主要原材料、半成品、构（配）件、设备等产品，进入施工现场时应按规定进行现场检验或复验，合格后方可使用，有见证取样检测要求的应符合国家现行有关标准的规定。对工程所用的水泥、钢筋等主要材料应进行跟踪管理。

3.7　混凝土浇筑记录及隐蔽工程验收记录

《电力建设施工技术规范 第 1 部分：土建结构工程》DL 5190.1-2012 的 4.8.2 条规定，工程竣工验收时，应提供下列资料：混凝土工程施工记录；隐蔽工程验收记录；工程重大问题的技术资料及处理文件；结构实体检测报告。

3.8　地脚螺栓防护良好

1.《110kV～750kV 架空输电线路施工及验收规范》GB 50233-2014 的 6.2.3 条规定，现场浇筑基础中的地脚螺栓安装前应除去浮锈，螺纹部分应予以保护。地脚螺栓及预埋件应安装牢固，在浇筑过程中应随时检查位置的准确性。2.《架空输电线路大跨越工程施工及验收规范》DL 5319-2014 的 6.2.3 条规定，对现场浇筑基础中的地脚螺栓及预埋件应有稳定可靠的安装措施，防止地脚螺栓在混凝土浇筑和振捣过程中出现倾斜和偏移。安装前应去除浮锈，螺纹部分应予以保护。3.《±800kV 及以下直流架空输电线路工程施工及验收规程》DL/T 5235-2010 的 6.2.3 条规定，现场基础中的地脚螺栓及预埋件应安装牢固。安装前应除去浮锈，螺纹部分应予以保护。

第四节　灌注桩基础监督检查

4.1　灌注桩基础施工方案

《建筑桩基技术规范》JGJ 94-2008 的 6.1.1 条规定，灌注桩施工应具备下列资料：5 桩基工程的施工组织设计；

4.2　混凝土强度

《110kV～750kV 架空输电线路施工及验收规范》GB 50233-2014 的 6.3.10 条规定，灌注桩应按设计要求验桩，基础混凝土强度等级应以试块为依据。试块的制作应每桩取一组，承台及连梁试块的制作数量应每基取一组。

4.3　人工挖孔桩终孔时，持力层检验记录齐全

《建筑地基基础设计规范》GB 50007-2011 的 10.2.13 条规定，人工挖孔桩终孔

时,应进行桩端持力层检验。单柱单桩的大直径嵌岩桩,应视岩性检验孔底下3倍桩身直径或5m深度范围内有无土洞、溶洞、破碎带或软弱夹层等不良地质条件。

4.4 灌注桩成孔记录

1.《110kV～750kV架空输电线路施工及验收规范》GB 50233-2014的6.3.2条规定,成孔后应立即检查成孔质量,并填写施工记录。成孔后尺寸应符合下列规定:1 孔径的负偏差不得大于50mm;2 孔垂直度应小于桩长1%;3 孔深不得小于设计深度;2.《110kV--750kV架空输电线路施工及验收规范质量检验及评定规程》DL/T5168—2016的B.0.6--1表(此记录每基填一份)、B.0.6—2、B.0.6—3(此记录每根桩填一份)。

4.5 灌注桩检测

1.《110kV～750kV架空输电线路施工及验收规范》GB 50233-2014的6.3.11条规定,灌注桩应按现行行业标准《建筑基桩检测技术规范》JGJ 106的有关规定检测桩身完整性,有特殊要求的灌注桩基础检测方法和数量应符合设计要求。2.《建筑基桩检测技术规范》JGJ 106—2014的3.3.3条规定,混凝土桩的桩完整性检测方法选择,应符合本规范3.3.1条的规定;当一种方法不能全面评价基桩完整性时,应采用两种或两种以上方法。

4.6 质量验收记录齐全

《110kV～750kV架空输电线路施工及验收规范》GB 50233-2014的10.1.1条规定,工程验收应按隐蔽工程验收、中间验收和竣工验收的规定项目、内容进行。

第五节 岩石、掏挖基础监督检查

5.1 岩石基础稳定性

《架空输电线路基础设计技术规程》DL/T5219—2014的8.1.1规定,采用岩石基础必须逐级鉴定岩体的稳定性、覆盖层厚度、岩石的坚固性及岩石风化程度情况。

5.2 施工方案及验槽记录

1.《110kV～750kV架空输电线路施工及验收规范》GB 50233-2014的1.0.4条规定,架空输电线路工程施工前应有经审批的施工组织设计文件和配套的施工方案等技术文件。6.5.1条规定,岩石基础施工时应根据设计要求逐基核查覆盖层厚度及岩石质量,当实际情况与设计不符时应由设计单位提出处理方案;6.5.2条规定,岩石基础的开挖或钻孔应符合下列规定：

1 岩石构造的整体性不应破坏；2 孔洞中的石粉、浮土及孔壁松散的活石应清除干净；3 软质岩成孔后应立即安装锚筋或地脚螺栓，并应浇灌混凝土。6.5.3 条规定，岩石基础锚筋或地脚螺栓的埋入深度不得小于设计值，安装后应有可靠的固定措施。

5.3　岩石锚杆基础

《岩土锚杆（索）技术规程》CECS22：2005 的 11.2.2 条规定，锚杆的抗拔力检验应按本规程 9.4 节的验收试验的规定执行。11.4.1 条规定，锚杆工程验收应提交些列文件：锚杆原材料的质量检查应包括下列内容：

1 原材料出厂合格证、材料现场抽检试验报告和代用材料试验报告、锚杆浆体强度等级检验报告；2 按本规程附录 H 的内容和格式提供的锚杆工程施工记录；3 锚杆验收试验报告；4 隐蔽工程检查验收记录；5 设计变更报告；6 工程重大问题处理文件；7 竣工图；11.4.2 条规定，锚杆工程验收时，应提供下列检测文件：

1 实际测点布置图；2 锚杆拉力测量原始记录和拉力—时间曲线表；3 变形测量时态曲线。

5.4　施工记录

《110kV～750kV 架空输电线路施工及验收规范》GB 50233-2014 的 6.5.5 条规定，岩石基础的施工允许偏差符合下列规定：

1 成孔深度不应小于设计值；2 嵌固式基础成孔横截面尺寸应大于设计值，且应保证设计锥度；钻孔式基础成孔的孔径正偏差应为 20 mm，不得有负偏差。6.5.4 条规定，混凝土或砂浆应符合下列规定：

1 浇灌混凝土或砂浆时应分层浇捣密实，并按现场浇筑基础的规定进行养护；2 孔洞中浇灌混凝土或砂浆的数量不得少于施工技术设计的规定值；3 混凝土或砂浆的强度检验以试块为依据，试块的制作应每基取一组；4 对浇灌钻孔式岩石基础，应采取减少混凝土收缩量的措施；

5.5　岩石掏挖基础检查及评定记录

《110kV--750kV 架空输电线路施工及验收规范质量检验及评定规程》DL/T5168—2016 的 B.0.5 表。

第六节　混凝土电杆基础及预制基础监督检查

6.1　混凝土电杆基础和装配式预制基础技术方案、施工方案

《110kV～750kV架空输电线路施工及验收规范》GB 50233-2014的1.0.4条规定，架空输电线路工程施工前应有经审批的施工组织设计文件和配套的施工方案等技术文件。

6.2　预制构件质量检查

《混凝土结构工程施工规范》GB50666—2011的9.6.3条规定，预制构件的质量应进行下列检查：

1预制构件混凝土强度；2预制构件的标识；3预制构件的外观质量、尺寸偏差；4预制构件的预埋件、插筋、预留空洞的规格、位置及数量；

6.3　混凝土电杆施工记录

《110kV～750kV架空输电线路施工及验收规范》GB 50233-2014的6.4.1条规定，混凝土电杆底盘的安装应在基坑检查合格后进行；6.4.3条规定，拉线盘的埋设位置应符合设计要求，安装位置应符合下列规定：

1沿拉线方向的左右偏差值不应超过拉线盘中心至相对应塔柱中心水平距离的1%；2沿拉线安装方向的前后允许位移值为当其安装后对地水平夹角值与设计值差不应超过1°，个别特殊地形条件超过1°时，应由设计院提出具体规定；3X形拉线安装位置应保证拉线交叉处不得相互磨碰。

6.4　回填夯实试验报告

《110kV～750kV架空输电线路施工及验收规范》GB 50233-2014的6.4.2条规定，混凝土电杆卡盘安装前应下部回填土夯实，安装位置与方向应符合设计规定，深度允许偏差不应超过 ±50 mm，卡盘抱箍的螺母应紧固，卡盘弧面与电杆接触紧密。

6.5　混凝土电杆预制基础检查及评级记录

《110kV--750kV架空输电线路施工及验收规范质量检验及评定规程》DL/T5168—2016的B.0.4表。

6.6　验收记录

《输变电工程项目质量管理规程》DL/T 1362-2014的5.1.8条规定，建设单位应组织工程单位工程验收、中间验收、竣工预验收、启动验收和达标投产工作，应按照

合同约定组织开展工程创优工作。

第七节　冬期施工的监督检查

7.1　冬期施工措施和越冬保温措施

《110kV～750kV 架空输电线路施工及验收规范》GB 50233-2014 的 6.6.1 条规定，根据当地多年气象资料统计，当室外日平均气温连续 5 天低于 5℃，混凝土基础工程应采取冬期施工措施，并应及时采取应对气温突然下降的防冻措施，当室外日平均气温连续 5 天高于 5℃时可解除冬期施工。

7.2　混凝土配合比

《建筑工程冬期施工规程》JGJ/T 104-2011 的 6.1.3 条规定，混凝土的配置宜选用硅酸盐水泥或普通硅酸盐水泥水泥，并应符合下列规定：

1 当采用蒸汽养护时，宜选用矿渣硅酸盐水泥；2 混凝土最小水泥用量不宜低于 280 kg /m³，水胶比不应大于 0.55；3 大体积混凝土的最小用量，可根据实际情况决定；4 强度等级不大于 C15 的混凝土，其水胶比和最小水泥用量可不受以上限制。

7.3　原材料预热

《建筑工程冬期施工规程》JGJ/T 104-2011 的 6.2.1 条规定，混凝土原材料加热宜采用加热水的方法。当加热水仍不满足要求时，可对骨料进行加热。

7.4　外加剂试验报告

《混凝土结构工程施工规范》GB 50666-2011 的 10.2.3 条规定，冬期施工混凝土用外加剂，应符合现行国家标准《混凝土外加剂应用技术规范》GB 50119 的有关规定。采用非加热养护方法时，混凝土中宜掺入引气剂、引气型减水剂或含有引气组分的外加剂，混凝土含气量宜控制为 3.0%～5.0%。

7.5　混凝土试块

《建筑工程冬期施工规程》JGJ/T 104-2011 的 6.9.7 条规定，冬期施工混凝土强度试件的留置，除应符合现行国家标准《混凝土结构工程施工质量验收规范》GB 50204 的有关规定外，尚应增加不少于 2 组的同条件养护试件。

7.6　混凝土测温记录

1.《建筑工程冬期施工规程》JGJ/T 104-2011 的 6.9.3 条规定，混凝土养护期间的温度测量应符合下列规定：

1 采用蓄热法或综合蓄热法时，在达到受冻临界强度之前应每隔 4h～6h 测量一次；2 采用负温养护法时，在达到受冻临界强度之前应每隔 2h 测量一次；3 采用加热时，升温和降温阶段应每隔 1h 测量一次，恒温阶段每隔 2h 测量一次。4 混凝土在达到受冻临界强度后，可停止测温。5 大体积混凝土养护期间的温度测量尚应符合国家现行标准《大体积混凝土施工规范》GB 50496 的相关规定。2.《混凝土结构工程施工规范》GB 50666-2011 的 10.2.18 条规定，混凝土冬期施工期间，应按国家现行有关标准的规定对混凝土拌合水温度、外加剂溶液温度、骨料温度、混凝土出机温度、浇筑温度、入模温度，以及养护期间混凝土和大气温度进行测量。

7.7　越冬维护

《建筑工程冬期施工规程》JGJ/T 104-2011 的 11.1.1 条规定，对于有采暖要求，但却不能保证正常采暖的新建工程、跨年施工的在建工程以及停建、缓建工程等，在入冬前应编制越冬维护方案。

第三章 架空输电线路导地线架设前质量监督检查

导地线架设前阶段的质量监督检查是对"杆塔工程"分部工程各参建单位质量行为和实体质量的检查,必要时进行质量监督检测印证。

第一部分 质量行为监督检查

第一节 建设单位质量行为检查

1.1 按规定本阶段组织设计交底和施工图会检

《输变电工程项目质量管理规程》DL/T 1362-2014 的 5.3.1 条规定,建设单位应在变电单位工程和输电分部工程开工前组织设计交底和施工图会检。未经会检的施工图纸不得用于施工。

1.2 本阶段采用强制性条文执行检查

《输变电工程项目质量管理规程》DL/T 1362-2014 的 4.4 条规定,参建单位应严格执行工程建设标准强制性条文。

1.3 本阶段采用的新技术、新工艺、新流程、新装备、新材料已审批

《实施工程建设强制性标准监督规定》建设部令第 81 号 (2015 年修正) 的第五条规定,建设工程勘察、设计文件中规定采用的新技术、新材料,可能影响建设工程质量和安全,又没有国家技术标准的,应当由国家认可的检测机构进行试验、论证,出具检测报告,并经国务院有关主管部门或者省、自治区、直辖市人民政府有关主管部门组织的建设工程技术专家委员会审定后,方可使用。工程建设中采用国际标准或者国外标准,现行强制性标准未作规定的,建设单位应当向国务院住房城乡建设主管部门或者国务院有关主管部门备案。

1.4 铁塔组立阶段中间验收报告

《输变电工程项目质量管理规程》DL/T 1362-2014 的 5.3.6 条规定，建设单位应按照 14 章的规定组织中间验收，并应在确认发现的问题整改闭环后向质量监督机构申请质量监督检查。

第二节 勘察设计单位质量行为检查

2.1 本阶段设计图纸交付进度不影响工程进度

《输变电工程项目质量管理规程》DL/T1362—2014 中 6.1.7 条规定，设计单位应编制施工图交付计划；

2.2 本阶段设计交底完成

《建设工程勘察设计管理条例(2015 修订)》中华人民共和国国务院令 [2015] 第 662 号第三十条规定，建设工程勘察、设计单位应当在建设工程施工前，向施工单位和监理单位说明建设工程勘察、设计意图，解释建设工程勘察、设计文件。

2.3 设计变更文件

《输变电工程项目质量管理规定》DL/T1362—2014 的 6.3.8 规定，工程设计单位应工程实际需要进行变更。

2.4 本阶段按规定参加工程质量验收并签证

《建筑工程施工质量验收统一标准》GB 50300-2013 的 6.0.3 规定，分部工程应由总监理工程师组织施工单位项目负责人和项目技术负责人等进行验收。勘察、设计单位项目负责人和施工单位技术、质量部门负责人应参加地基与基础分部工程的验收。设计单位项目负责人和施工单位技术、质量部门负责人应参加主体结构、节能分部工程的验收；6.0.6 规定，建设单位收到工程竣工报告后，应由建设单位项目负责人组织监理、施工、设计、勘察等单位项目负责人进行单位工程验收。

2.5 强执行条纹落实情况

《输变电工程项目质量管理规程》DL/T 1362-2014 的 6.2.1 条规定，勘察、设计单位应根据工程质量总目标进行设计质量管理策划，并应编制下列设计质量管理文件；a) 设计技术组织措施；b) 达标投产或创优实施细则；c) 工程建设标准强制性条文执行计划；d) 执行法律法规、标准、制度的目录清单；6.2.2 规定，勘察、设计单位应在设计前将设计质量管理文件报建设单位审批。如有设计阶段的监理，则应报监理单位审查、建设单位批准。

2.6　核实本阶段图纸上签字的注册建筑师、注册结构师、注册电气师等人员

《建设工程质量管理条例》中华人民共和国国务院令第 279 号（2001）第十九条规定，勘察、设计单位必须按照工程建设强制性标准进行勘察、设计，并对其勘察、设计的质量负责。注册建筑师、注册结构工程师等注册执业人员应当在设计文件上签字，对设计文件负责。

2.7　设计代表工作到位、处理设计问题及时

《建设工程勘察设计管理条例 (2015 修订)》中华人民共和国国务院令 [2015] 第662 号第三十条规定，建设工程勘察、设计单位应当及时解决施工中出现的勘察、设计问题。

2.8　进行了本阶段工程实体质量与勘察设计的符合性确认

《电力勘测设计驻工地代表制度》DLGJ159.8-2001 的 5.0.3 条规定，工代应坚持经常深入施工现场，调查了解施工是否与设计要求相符，并协助施工单位解决施工中出现的具体技术问题，做好服务工作，促进施工单位正确执行设计规定的要求；对于发现施工单位擅自作主，不按设计规定要求进行施工的行为，应及时指出，要求改正，如指出无效，又涉及安全、质量等原则性、技术性问题，应将问题事实与处理过程用"备忘录"的形式书面报告建设单位和施工单件，同时向设总和处领导汇报。

第三节　监理单位质量行为监督检查

3.1　本阶段专业监理人员配备合理，资格证书与承担的任务相符

《建设工程监理规范》GB/T 50319-2013 的 3.1.2 条规定，项目监理机构的监理人员应由总监理工程师、专业监理工程师和监理员组成，且专业配套、数量应满足建设工程监理工作需要，必要时可设总监理工程师代表。

3.2　检测仪器和工具满足本阶段监理工作需要

1.《中华人民共和国计量法实施细则 》（2018 年修订本）第四条规定，计量基准器具（简称计量基准，下同）的使用必须具备下列条件：（一）经国家鉴定合格；（二）具有正常工作所需要的环境条件；（三）具有称职的保存、维护、使用人员；（四）具有完善的管理制度。2.《中华人民共和国计量法》主席令 16 号第九条规定，县级以上人民政府计量行政部门对社会公用计量标准器具，部门和企业、事业单位使用的最高

计量标准器具，以及用于贸易结算、安全防护、医疗卫生、环境监测方面的列入强制检定目录的工作计量器具，实行强制检定。未按照规定申请检定或者检定不合格的，不得使用。

3.3 组织补充完善施工质量验收项目划分表

《电力建设工程监理规范》DL/T 5434—2009的9.1.2条规定，项目监理机构应审查承包单位编制的质量计划和工程质量验收及评定项目划分表，提出监理意见，报建设单位批准后监督实施。

3.4 本阶段工程建设强制性条文已确认

《输变电工程项目质量管理规程》DL/T 1362-2014的7.3.5规定，监理单位应监督施工单位质量管理体系的有效运行，应监督施工单位按照技术标准和设计文件进行施工，应定期检查工程建设标准强制性条文执行情况。

3.5 特殊施工技术措施已审批

《建设工程监理规范》GB/T50319—2013的5.5.3条规定，项目监理机构应审查施工单位报审的专项施工方案，符合要求的，应由总监理工程师签认后报建设单位。超过一定规模的危险性较大的分部分项工程的专项施工方案，应检查施工单位组织专家进行论证、审查的情况，以及是否附具安全验算结果。

3.6 补充完善监理实施细则，并已审批

《建设工程监理规范》GB/T50319—2013的4.3.2条规定，监理实施细则应在相应工程施工开始前由专业监理工程师编制，并应报总监理工程师审批；4.3.3条规定，监理实施细则的编制应依据下列资料：

1 监理规划。2 工程建设标准、工程设计文件。3 施工组织设计、(专项)施工方案；4.3.4条规定，监理实施细则应包括下列主要内容：

1 专业工程特点。2 监理工作流程。3 监理工作要点。4 监理工作方法及措施；4.3.5条规定，在实施建设工程监理过程中，监理实施细则可根据实际情况进行补充、修改，并应经总监理工程师批准后实施。

3.7 对进场的铁塔、混凝土电杆、钢管塔、紧固件等原材料的质量进行检查验收

1.《建设工程质量管理条例》中华人民共和国国务院令(第279号)(2000)第三十七条规定，未经监理工程师签字，建筑材料、建筑构配件和设备不得在工程上

使用或者安装，施工单位不得进行下一道工序的施工；2.《电力建设工程监理规范》DL/T 5434-20097.2.3 见证取样。

对规定的需取样送试验室检验的原材料和样品，经监理人员对取样进行见证、封样、签认。3.《输变电工程项目质量管理规程》DL/T 1362-2014 的 8.5.1 条规定设备开箱检查及材料验收应由采购单位或委托监理单位组织，建设、监理、施工、物资供应单位应参加。设备开箱检验应核查设备的外观质量、数量、产品质量证明文件、安装说明书、试验检测报告、图纸、备品备件、专用工器具、进口设备报关单及原产地证明。4.《输电线路铁塔制造技术条件》GB/T2694-2018 的 9.0.0 条规定，铁塔出厂时提供以下资料（但不限于）：产品合格证、抽检方案、原材料（钢材、锌锭、紧固件、焊材）质量证明书及复检报告、铁塔试组装记录、零部件检验记录、焊缝无损检测报告、铁塔焊接件检验记录、镀锌检测记录等

3.8 质量问题及处理台账完整，记录齐全

《建设工程监理规范》GB/T 50319—2013 的 5.2.15 条规定，项目监理机构发现施工存在质量问题的，或施工单位采用不适当的施工工艺，或施工不当，造成工程质量不合格的，应及时签发监理通知单，要求施工单位整改。整改完毕后，项目监理机构应根据施工单位报送的监理通知回复单对整改情况进行复查，提出复查意见；5.2.17 条规定，对需要返工处理或加固补强的质量事故，项目监理机构应要求施工单位报送质量事故调查报告和经设计等相关单位认可的处理方案，并应对质量事故的处理过程进行跟踪检查，同时应对处理结果进行验收。

3.9 完成铁塔组立阶段施工质量验收

《建设工程监理规范》GB/T50319—2013 的 5.2.14 条规定，项目监理机构应对施工单位报验的隐蔽工程、检验批、分项工程和分部工程进行验收，对验收合格的应给予签认；对验收不合格的应拒绝签认，同时应要求施工单位在指定的时间内整改并重新报验。

3.10 对铁塔组立阶段工程质量提出评价意见

《输变电工程项目质量管理规程》DL/T 1362-2014 的 14.2.1 条规定，变电工程应分别在主要建（构）筑物基础基本完成、土建交付安装前、投运前进行中间验收，输电线路工程应分别在杆塔组立前、导地线架设前、投运前进行中间验收。投运前中间验收可与竣工预验收合并进行。中间验收中收到初检申请并确认符合条件后，监理单位应组织进行初检，在初检合格后，应出具监理初检报告并向建设单位申请中间

验收。

3.11 铁塔组立施工阶段监理初检报告

《输变电工程项目质量管理规程》DL/T 1362-2014 的 9.4.3 条规定施工单位三级自检合格后,应向监理单位申请初检。

第四节 施工单位质量行为质量监督检查

4.1 项目部组织机构健全,本阶段专业人员配置合理

《输变电工程项目质量管理规程》DL/T 1362-2014 的 9.1.5 条规定,施工单位应按照施工合同约定组建施工项目部,应提供满足工程质量目标的人力、物力和财力的资源保障。

4.2 特殊工种人员持证上岗

《特种作业人员安全技术培训考核管理办法》国家安全生产监督管理总局令第30 号(2010)(2015 年 5 月 29 日国家安全监管总局令第 80 号修正。)第五条规定,特种作业人员必须经专门的安全技术培训并考核合格,取得《中华人民共和国特种作业操作证》(以下简称特种作业操作证)后,方可上岗作业。

4.3 铁塔组立施工方案已审批

1.《建筑施工组织设计规范》GB/T 50502-2009 的 3.0.5 规定,施工组织设计的编制和审批应符合下列规定:

1 施工组织设计应由项目负责人主持编制,可根据需要分阶段编制和审批;2 施工组织总设计应由总承包单位技术负责人审批;3.单位工程施工组织设计应由施工单位技术负责人或技术负责人授权的技术人员审批,施工方案应由项目技术负责人审批;4.重点、难点分部(分项)工程和专项工程施工方案应由施工单位技术部门组织相关专家评审,施工单位技术负责人批准。2. .《输变电工程项目质量管理规程》DL/T 1362-2014

4.4 铁塔组立方案技术交底记录齐全

《输变电工程项目质量管理规程》DL/T 1362-20149.3.4 施工过程中,施工单位应主要开展下列质量控制工作:b)在变电各单位工程、线路各分部工程开工前进行技术培训交底。

4.5　本阶段计量工器具经检定合格，且在有效期内

1.中华人民共和国计量法实施细则 》（2018 年修订本）第四条规定，计量基准器具（简称计量基准，下同）的使用必须具备下列条件：（一）经国家鉴定合格；（二）具有正常工作所需要的环境条件；（三）具有称职的保存、维护、使用人员；（四）具有完善的管理制度。2.《中华人民共和国计量法》主席令 16 号第九条规定，县级以上人民政府计量行政部门对社会公用计量标准器具，部门和企业、事业单位使用的最高计量标准器具，以及用于贸易结算、安全防护、医疗卫生、环境监测方面的列入强制检定目录的工作计量器具，实行强制检定。未按照规定申请检定或者检定不合格的，不得使用。

4.6　按照检测试验项目计划进行了见证的取样和送检，台账完整

《建筑工程检测试验技术管理规范》JGJ 190-2010 的 3.0.6 条规定，见证人员必须对见证取样和送检的过程进行见证，且必须确保见证取样和送检过程的真实性；5.5.1 条规定施工现场应按照单位工程分别建立下列试样台账：

1 钢筋试样台账；2 钢筋连接接头试样台账；3 混凝土试件台账；4 砂浆试件台账；5 需要建立的其他试样台账。

4.8　铁塔工程开工报告已审批

《工程建设施工企业质量管理规范》GB/T 50430-2017 的 10.4.2 条规定，项目部应确认施工现场已具备开工条件，进行报审、报验，提出开工申请，经批准后方可开工。

4.9　完善本阶段专业绿色施工措施已制定

《建筑工程绿色施工规范》GB/T 50905-2014 的 4.0.2 条规定，施工单位应编制包含绿色施工管理和技术要求的工程绿色施工组织设计、绿色施工方案或绿色施工专项方案，并经审批通过后实施。

4.10　本阶段工程建设强制性条文实施计划已制定并落实

《输变电工程项目质量管理规程》DL/T 1362-2014 的 9.2.2 条规定，工程开工前，施工单位应根据施工质量管理策划编制质量管理文件，并应报监理单位审核、建设单位批准。质量管理文件应包括下列内容包括：d）工程建设标准强制性条文执行计划；

4.11 无违规转包或违法分包工程的行为

《中华人民共和国建筑法》中华人民共和国主席令第46号（2011）第二十八条规定，禁止承包单位将其承包的全部建筑工程转包给他人，禁止承包单位将其承包的全部建筑工程肢解以后以分包的名义转包给他人。

4.12 施工验收中的不符合项已整改和验收

《输变电工程项目质量管理规程》DL/T 1362-2014的14.1.1规定，前一阶段质量验收所发现的不符合项应及时进行纠偏处理。质量问题未得到关闭，不得进行下一阶段工作。

4.13 分部工程质量评定统计表

《110kV--750kV架空输电线路施工及验收规范质量检验及评定规程》DL/T5168—2016的C.0.1(铁塔组立分部工程质量评定统计表)；

4.14 铁塔组立阶段三级自检报告

《输变电工程项目质量管理规程》DL/T 1362-2014的9.4.2条规定，施工单位应按施工质量验收范围划分表执行班组自检、项目部复检、公司专检。三级自检应符合下列要求：a)班组自检率100%，项目部复检率100%，公司专检率不得低于30%，且变电工程应覆盖所有分型工程，线路工程耐张塔、重要跨越塔应全检。B)线路工程在单元工程施工完成后，应由班组进行自检；在分项工程完成后，应由项目部进行复检；在分部工程完成后，应由施工单位质量管理部门进行专检。

第二部分 实体质量监督检查

第一节 自立式铁塔组立工程的监督检查

1.1 铁塔组立施工方案

《110kV～750kV架空输电线路施工及验收规范》GB 50233-2014的1.0.4条规定，架空输电线路工程施工前应有经审批的施工组织设计文件和配套的施工方案等技术文件。

1.2　地脚螺栓与塔脚板接触

1.《电气装置安装工程 66kV 及以下架空电力线路及验收规范》GB50173—2014 的 7.2.3 条规定,铁塔组立后,塔脚板与基础面接触良好,有空隙时应垫铁片,并应浇筑水泥砂浆。铁塔经检验合格后可随即浇筑混凝土保护帽;2.《110kV-750kV 架空输电线路施工及验收规范》GB 50233-2014 的 6.2.3 条规定,现场浇筑基础中的地脚螺栓安装前应除去浮锈,螺纹部分应予以保护。地脚螺栓及预埋件应安装牢固,在浇筑过程中应随时检查位置的准确性;7.2.7 条规定,铁塔组立后,塔脚板应与基础面接触良好,有空隙时应用铁片垫实,并应浇筑水泥砂浆。铁塔应检查合格后方可浇筑混凝土保护帽,其尺寸应符合设计规定,并应与塔脚结合严密,不得有裂缝。3.《±800kV 及以下直流架空输电线路工程施工及验收规程》DL/T 5235-2010 的 7.2.11 条规定,塔脚板应与基础面接触良好,有空隙时应垫铁片,并应浇筑水泥砂浆。

1.3　铁塔镀锌层外观

《输电线路铁塔制造技术条件》GB/T 2694-2018 的 6.9.2 条规定,镀锌层表面应连续完整,并具有实用性光滑,不应有过酸洗、起皮、漏镀、结瘤、积锌和锐点等使用上有害的缺陷。镀锌颜色一般呈灰色或暗灰色。

1.4　高强螺栓

《钢结构高强度螺栓连接技术规程》JGJ 82-2011 的 7.3.1 条规定,高强螺栓连接分项工程验收资料应包含下列内容:

1 检验批质量验收记录;2 高强度大六角头螺栓连接副或剪切型高强度螺栓连接副见证复检报告;3 高强度螺栓连接摩擦面抗滑移系数见证试验报告(承压型连接除外);4 初拧扭矩、终拧扭矩、扭矩扳手检查记录和施工记录;5 高强度螺栓连接副质量合格证明文件;6 不合格质量处理记录;6 其他相关资料。

1.5　主体结构部件齐全、相邻节点间主材弯曲不超标,螺栓紧固牢固,脚钉齐全

1.《110kV～750kV 架空输电线路施工及验收规范》GB 50233-2014 的 7.1.3 当采用螺栓连接构件时,应符合下列规定:1 螺栓应与构件平面垂直,螺栓头与构件间的接触处不应有空隙;2 螺母紧固后,螺栓头与构件间的接触处不应有间隙;3 螺栓加垫时,每端不宜超过 2 个垫圈;4 连接螺母的螺纹不应进入剪切面;7.1.6 条规定,杆塔连接螺栓应逐个紧固,受剪螺栓紧固扭矩值不应小于表 7.1.6 的规定,其他受力情况螺栓紧固扭矩值应符合设计要求。螺栓与螺母的螺纹有滑牙或螺母的棱角磨

损以致扳手打滑的,螺栓应更换。7.2.6 条规定,铁塔组立后,各相邻主材节点间弯曲度不得超过 1/750；7.1.4 条规定,螺栓的穿入方向应符合下列规定:1 对立体结构应符合下列规定:1) 水平方向由内向外；2) 垂直方向由下向上；3) 斜向者宜由斜下向斜上穿,不便时应在同一斜面内取统一方向 。2 对平面结构应符合下列规定:1) 顺线路方向,应由小号侧穿入或按统一方向穿入；2) 横线路方向,两侧由内向外,中间由左向右或 按统一方向穿入；3) 垂直地面方向,应由下向上；4) 斜向者宜由斜下向斜上穿,不便时应在同一斜面内取统一方向；5) 对于十字形截面组合角钢主材肢间连接螺栓,应顺时针安装。2.《±800kV 及以下直流架空输电线路工程施工及验收规程》DL/T 5235-2010 的 7.2.2 条规定,当采用螺栓连接构件时,应符合下列规定:1 铁塔螺栓应使用防卸、防松装置。2 螺栓应与构件平面垂直,螺栓头与构件间的接触处不应有空隙。7.2.5 条规定,铁塔连接螺栓应逐个紧固,4.8 级螺栓的扭紧力矩不应小于表 7.2.5 的规定。4.8 级以上的螺栓的扭矩标准值有设计规定,若设计无规定宜按 4.8 级螺栓的扭紧力矩标准执行。7.2.9 条规定,脚钉安装要牢固齐全,安装位置要符合设计或者建设方要求。7.2.10 条规定铁塔组立后,各相邻节点间主材弯曲度不得超过 1/750。

1.6 接地线与接地装置连接牢固

《110kV ~ 750kV 架空输电线路施工及验收规范》GB 50233-2014 的 9.0.6 条规定,接地体间应连接应符合下列规定:1 连接前应清除连接部位的浮锈。2 接地体间应连接可靠。 3 应采用焊接或液压方式连接。当采用搭接焊接时,圆钢的搭接长度不应少于其直径的 6 倍并应双面施焊；扁钢的搭接长度不应少于其宽度的 2 倍并应四面施焊。当采用液压连接时,接续管的壁厚不得小于 3mm；对接长度应为圆钢直径的 20 倍,搭接长度应为圆钢直径的 10 倍。接续管的型号与规格应与所连接的圆钢相匹配。4 接地体的连接部位应采取防腐措施,防腐范围不应少于连接部位两端各 100mm。9.0.7 条规定,接地引下线与杆塔的连接应接触良好、顺畅美观,并便于运行测量和检修。若引下线直接从地线引下时,引下线应紧靠杆(塔)身,间隔固定距离应满足设计要求。

1.7 自立式铁塔组立检查及评定记录表

《110kV ~ 750kV 架空输电线路施工质量检验及评定规程》DL/T 5168-2016 的 B.0.8 表；

第二节　混凝土电杆工程监督检查

2.1　混凝土电杆外观质量

《110kV～750kV 架空输电线路施工及验收规范》GB 50233-2014 的 7.3.2 条规定，运至桩位的混凝土杆段及预制构件，当放置于地平面检查时应符合下列规定：

1 端头的混凝土局部碰损应进行修补；2 预应力混凝土电杆及构件不得有纵向、横向裂缝；3 普通钢筋混凝土电杆及细长构件不得有纵向裂缝，横向裂缝宽度不得超过 0.05mm。

2.2　钢圈焊接质量

1.《电气装置安装工程 66kV 及以下架空电力线路施工及验收规范》GB50173—2014 的 7.3.2 条规定，应由有资格的焊工操作，宜采用电弧焊接。焊接操作应符合下列规定：

1 应由有资格的焊工操作，焊完的焊口应及时清理，自检合格后应在规定的部位打上焊工的钢印号。2 焊前应清除焊口及附近的铁锈及污物。3 钢圈厚度大于 6mm 时应用 V 形坡口多层焊。4 焊缝应有一定的加强面，焊缝加强面尺寸应符合表 7.3.3-1 的规定。5 焊前应做好准备工作，一个焊口宜连续焊成。焊缝应呈现平滑的细鳞形，外观缺陷允许范围及处理方法应符合表 7.3.3-2 的规定。6 钢圈连接采用气焊时，尚应遵守下列规定：

1）钢圈宽度不应小于 140mm。 2）应缩短不必要的加热时间，减少电杆端头混凝土因焊接产生的裂缝。当产生宽度为 0.05mm 以上的裂缝时，宜采用环氧树脂补修。 3）气焊用的乙炔气应有出厂质量检验合格证明。4）气焊用的氧气纯度不应低于 98.5%。7 电杆焊接后、放置地平面检查时，分段及整根电杆的弯曲均不应超过其对应长度的 2‰，超过时应割断调直，重新焊接。2.《110kV～750kV 架空输电线路施工及验收规范》GB 50233-2014 的 7.3.3 条规定，应由有资格的焊工操作，宜采用电弧焊接。焊接操作应符合下列规定：

1 应由有资格的焊工操作，焊完的焊口应及时清理，自检合格后应在规定的部位打上焊工的钢印号，焊口部位完全冷却后应及时除锈做好防腐处理。2 焊前应清除焊口及附近的铁锈及污物。3 钢圈厚度大于 6mm 时应用 V 形坡口多层焊。4 焊缝应有一定的加强面，焊缝加强面尺寸应符合表 7.3.3-1 的规定。5 焊前应做好准备工作，一个焊口宜连续焊成。焊缝应呈现平滑的细鳞形，外观缺陷允许范围及处理方法应符合表 7.3.3-2 的规定。6 钢圈连接采用气焊时，尚应遵守下列规定：1）钢圈宽度不应小于 140mm。 2）应缩短不必要的加热时间，减少电杆端头混凝土因焊接产生的裂缝。当产生宽度为 0.05mm 以上的裂缝时，宜采用环氧树脂补修。3）气焊用的乙炔气应有出厂质量检验合格证明。 4）气焊用的氧气纯度不应低于 98.5%。 7 电杆焊接后、放置地平面检查时，分段及整根电杆的弯曲均不应超过其对应长度的2‰，超过时应割断调直，重新焊接。

2.3 电杆部件及施工记录

1.《电气装置安装工程 66kV 及以下架空电力线路施工及验收规范》GB50173—2014 的 7.3.3 条规定，钢圈焊接接头焊完后应及时将表面铁锈及氧化层清理干净，并应按设计要求进行防锈处理。设计无规定时，应涂刷防锈漆或其他防锈措施；7.3.4 条规定，混凝土电杆上端应封堵。设计无特殊要求时，下端不应封堵，放水孔应打通。7.3.5 条规定，混凝土电杆在组立前应在根部标有明显埋入深年度标志，埋入深度符合设计要求。7.3.9 条规定，以抱箍连接的叉梁，其上端抱箍组装尺寸的允许偏差应为 ±50㎜；分段组合后应正直，不应有明显的鼓肚、弯曲；各部连接牢固。横隔梁安装后应保持水平，组装尺寸允许偏差为 ±50㎜。2.《110kV～750kV 架空输电线路施工及验收规范》GB 50233-2014 的 7.3.4 条规定，钢圈焊接接头焊完后应及时将表面铁锈及氧化层清理干净，并应按设计要求进行防锈处理。设计无规定时，应涂刷防锈漆或其他防锈措施；7.3.5 条规定，混凝土电杆上端应封堵。设计无特殊要求时，下端不应封堵，放水孔应打通。7.3.6 条规定，以抱箍连接的叉梁，其上端抱箍组装尺寸的允许偏差应为 ±50㎜；分段组合后应正直，不应有明显的鼓肚、弯曲；各部连接牢固。横隔梁安装后应保持水平，组装尺寸允许偏差为 ±50㎜。7.1.6 条规定，杆塔螺栓应逐个紧固，受剪螺栓紧固扭矩值不应小于表 7.1.6 的规定，其他受力情况螺栓紧固扭矩值应符合设计要求。螺栓与螺母的螺纹有滑牙或螺母的棱角磨损以致扳手打滑的，螺栓应更换。

2.4 混凝土电杆及评定记录与实测值相符

1.《电气装置安装工程 66kV 及以下架空电力线路施工及验收规范》GB50173—2014 的表 D.0.9；2.《110kV～750kV 架空输电线路施工质量检验及评定规程》GB 50233-2016 的表 B.0.10；

2.5 接地线与接地装置连接牢固

《电气装置安装工程接地装置施工及验收规范》GB 50169-2016 的 4.7.13 条规定，混凝土电杆宜通过架空地线直接引下，也可通过金属爬梯接地。当接地线从架空地线直接引下时，接地线应紧靠杆身，并应间隔不得大于2m的距离与杆身固定一次。4.7.14条规定，对于预应力钢筋混凝土电杆地线的接地线，应用明线与接地极连接并应设置便于打开测量接地电阻的断开接点。

第三节 钢管电杆工程监督检查

3.1 钢管杆外观质量

1.《电气装置安装工程66kV及以下架空电力线路施工及验收规范》GB50173—2014的7.4.1条规定，7.4.1钢管电杆在装卸及运输中，杆端应有保护措施。运至桩位的杆段及构件不应有明显的凹坑、扭曲等变形。2.《110kV～750kV架空输电线路施工及验收规范》GB 50233-2014的7.4.1条规定，钢管电杆在装卸及运输中，杆端应有保护措施。运至桩位的杆段及构件不应有明显的凹坑、扭曲等变形。

3.2 钢管杆施工质量

1.《电气装置安装工程66kV及以下架空电力线路施工及验收规范》GB50173—2014的7.4.2条规定，杆段间采用焊接连接时应符合本规范第7.3节的有关规定。杆段间采用插接连接时，插接长度不得小于设计套接长度。7.4.3条规定，7.4.3钢管电杆连接后，其分段及整根电杆的弯曲均不应超过其对应长度的2‰。7.4.4条规定，直线电杆架线后的倾斜不应超过杆高的5‰，转角杆架线后挠曲度应符合设计规定，超过设计规定时应会同设计单位处理。《110kV～750kV架空输电线路施工及验收规范》GB 50233-2014的7.4.2条规定，杆段间采用焊接连接时应符合本规范第7.3节的有关规定。杆段间采用套接连接时，套接长度不得小于设计套接长度。7.4.3条规定，7.4.3钢管电杆连接后，其分段及整根电杆的弯曲均不应超过其对应长度的2‰。7.4.4条规定，直线电杆架线后的倾斜不应超过杆高的5‰，转角杆架线后挠曲度应符合设计规定，超过设计规定时应会同设计单位处理。

3.3 接地连接

《电气装置安装工程66kV及以下架空电力线路施工及验收规范》GB50173—2014的9.0.8条规定，接地引下线与杆塔的连接应接触良好可靠并便于揭开进行测量接地电阻和检修。若引下线直接从地线引下时，引下线应紧靠杆（塔）身，间隔固定距离应满足设计要求。2.《110kV～750kV架空输电线路施工及验收规范》GB 50233-2014的9.0.7条规定，接地引下线与杆塔的连接应接触良好、顺畅美观，并便于运行测量和检修。若引下线直接从地线引下时，引下线应紧靠杆（塔）身，间隔固定距离应满足设计要求。

3.4 钢管杆组立检查记录与实测相符

《电气装置安装工程 66kV 及以下架空电力线路施工及验收规范》GB50173—2014 的表 B.0.11。

第四节 杆塔拉线的监督检查

4.1 拉线盘深度和方向

电气装置安装工程 66kV 及以下架空电力线路施工及验收规范》GB50173—2014 的 7.5.1 条规定,拉线盘的埋设和方向,应符合设计要求。拉线棒与拉线盘应垂直,连接处应用双螺母,其外露地面部分的长度为 500 ㎜—700 ㎜。

4.2 拉线安装与实际对应

1. 电气装置安装工程 66kV 及以下架空电力线路施工及验收规范》GB50173—2014 的 7.5.4 条规定,当一基电杆上装设多条拉线时,各条拉线的受力应一致。7.5.7条规定,架线后应对全部拉线进行复查和调整,拉线安装后应符合下列规定:1 拉线与拉线棒应呈一直线;2 X 形拉线的交叉点处应留有空隙,避免相互磨碰;3 拉线的对地水平夹角允许偏差应为 ±1°;4 NUT 型线夹带螺母后的螺杆应露出螺纹,螺纹在装好双螺母及防卸装置后宜露出丝 3 道~5 道;5 组合拉线的各根拉线应受力均衡。7.5.8 条规定,拉线应避免设在通道处,当无法避免时应在拉线下部设反光标志,且拉线上部应设绝缘子。表 D.0.10 铁塔拉线压接管检查表。2.《110kV~750kV架空输电线路施工及验收规范》GB 50233-2014 的 7.5.1 条规定,采用楔形线夹连接的拉线,安装时应符合下列规定:

1 线夹的舌板与拉线应紧密接触,受力后不应滑动。拉线凸肚应在尾线侧,安装时不应使线股损伤。2 拉线弯曲部分不应有明显松股,断头侧应采取防止散股的有效措施。线夹尾线宜露出 300 ㎜—500 毫米,尾线与本线应用镀锌铁线绑扎或压牢。拉线断口处绑扎应涂刷防腐。3 同组与同基拉线的各个线夹,尾线方向应力求同一。7.5.2 条规定,采用压接型线夹的拉线,安装时应符合现行行业标准《输变电工程架空导线及地线液压压接工艺规程》DL/T5285 的规定,拉线金具应符合现行国家标准《电力金具通用技术条件》GB/T2314 的规定。7.5.4 条规定,架线后应对全部拉线进行复查和调整,拉线安装后应符合下列规定:1 拉线与拉线棒应呈一直线;2 X 形拉线的交叉点处应留有空隙,避免相互磨碰;3 拉线的对地水平夹角允许偏差应为

±1°；4 NUT 型线夹带螺母后的螺杆应露出螺纹，螺纹在装好双螺母及防卸装置后宜露出丝 3 道~5 道；5 组合拉线的各根拉线应受力均衡。3.《110kV~750kV 架空输电线路施工质量检验及评定规程》DL/T 5168-2016 的 B.0.9-1 和 B.0.9-2 表。

第四章 架空输电线路投运前质量监督检查

投运前阶段的质量监督检查是对"杆塔工程、架线工程、接地工程、线路防护工程"分部工程各参建单位质量行为和实体质量的检查，必要时进行质量监督检测印证。

第一部分 质量行为监督检查

第一节 建设单位质量行为检查

1.1 按规定组织投运前阶段设计交底和施工图会检

《输变电工程项目质量管理规程》DL/T 1362-2014 的 5.3.1 条规定，建设单位应在变电单位工程和输电分部工程开工前组织设计交底和施工图会检。未经会检的施工图纸不得用于施工。

1.2 本阶段采用强制性条文执行检查

《输变电工程项目质量管理规程》DL/T 1362-2014 的 4.4 条规定，参建单位应严格执行工程建设标准强制性条文。

1.3 本阶段采用的新技术、新工艺、新流程、新装备、新材料已审批

《实施工程建设强制性标准监督规定》建设部令第 81 号 (2015 年修正) 的第五条规定，建设工程勘察、设计文件中规定采用的新技术、新材料，可能影响建设工程质量和安全，又没有国家技术标准的，应当由国家认可的检测机构进行试验、论证，出具检测报告，并经国务院有关主管部门或者省、自治区、直辖市人民政府有关主管部门组织的建设工程技术专家委员会审定后，方可使用。工程建设中采用国际标准或者国外标准，现行强制性标准未作规定的，建设单位应当向国务院住房城乡建设主管部门或者国务院有关主管部门备案。

1.4　成立启动验收委员会

《110kV 及以上送变电工程启动及竣工验收规程》DL／T782—2001 的 2.2 条规定，110kV 及以上送变电工程的启动试运行和工程的竣工验收必须以批准的文件、设计文件、国家及行业主管部门颁发的有关送变电工程建设的现行标准、规范、规程和法规为依据。工程质量应按有关的工程质量验收标准进行考核。

1.5　工程竣工预验收报告

《输变电工程项目质量管理规程》DL/T 1362-2014 的 14.4.2 条规定，a) 在完成设计文件和合同约定的全部内容后，施工单位三级自检后，应编制竣工报告并申请监理初检。B）在收到初检申请并确认符合条件件后，监理单位应组织对工程进行初检，在初检合格后，应出具监理初检报告并向建设单位申请竣工预验收。C）建设单位应组织进行竣工预验收并出具竣工预验收报告。

1.6　启动验收

1.《建设工程质量管理条例》中华人民共和国国务院令第 279 号（2000）第十六条规定，建设单位收到建设工程竣工报告后，应当组织设计、施工、工程监理等有关单位进行竣工验收。建设工程竣工验收应当具备下列条件。（一）完成建设工程设计和合同约定的各项内容；（二）有完整的技术档案和施工管理资料；（三）有工程使用的主要建筑材料、建筑构配件和设备的进场试验报告；（四）有勘察、设计、施工、工程监理等单位分别签署的质量合格文件；建设工程经验收合格的，方可交付使用。2.《110kV 及以上送变电工程启动及竣工验收规程》DL／T782—2001 的 4.1 条规定，工程竣工验收检查是在施工单位进行三级自检的基础上，由监理单位进行初检。初检后由建设单位会同运行、设计等单位进行预检。预检后由启委会工程验收检查组进行全面的检查和核查，必要时进行抽查和复查，并将结果向启委会报告。

1.7　送电方案

《110kV 及以上送变电工程启动及竣工验收规程》DL/T 782-2001 的 3.4.9 条规定，电网调度部门根据建设项目法人提供的相关资料和系统情况，经过计算及时提供各种继电保护装置的整定值以及各设备的调度编号和名称；根据调试方案编制并审定启动调度方案和系统运行方式，核查工程启动试运的通信、调度自动化、保护、电能测量、安全自动装置的情况；审查、批准工程启动试运申请和可能影响电网安全运行的调整方案；5.1 条规定，由试运指挥组提出的工程启动、系统调试、试运方案已经启委会批准；调试方案已经调度部门批准；

1.8 线路参数测试报告

《110kV及以上送变电工程启动及竣工验收规程》DL/T 782-2001 的 5.3.6 条规定，送电线路带电前的试验（线路绝缘电阻测定、相位核对、线路参数和高频特性测定）已完成。

第二节 勘察设计单位质量行为检查

2.1 本阶段设计图纸交付进度不影响工程进度

《输变电工程项目质量管理规程》DL/T1362—2014 中 6.1.7 条规定，设计单位应编制施工图交付计划；

2.2 本阶段设计交底完成

《建设工程勘察设计管理条例(2015修订)》中华人民共和国国务院令[2015]第 662号第三十条规定，建设工程勘察、设计单位应当在建设工程施工前，向施工单位和监理单位说明建设工程勘察、设计意图，解释建设工程勘察、设计文件。

2.3 本阶段设计变更文件

《输变电工程项目质量管理规定》DL/T1362—2014 的 6.3.8 规定，工程设计单位应工程实际需要进行变更。

2.4 本阶段按规定参加工程质量验收并签证

《建筑工程施工质量验收统一标准》GB 50300-2013 的 6.0.3 规定，分部工程应由总监理工程师组织施工单位项目负责人和项目技术负责人等进行验收。勘察、设计单位项目负责人和施工单位技术、质量部门负责人应参加地基与基础分部工程的验收。设计单位项目负责人和施工单位技术、质量部门负责人应参加主体结构、节能分部工程的验收；6.0.6 规定，建设单位收到工程竣工报告后，应由建设单位项目负责人组织监理、施工、设计、勘察等单位项目负责人进行单位工程验收。

2.5 本阶段强执行条纹落实情况

《输变电工程项目质量管理规程》DL/T 1362-2014 的 6.2.1 条规定，勘察、设计单位应根据工程质量总目标进行设计质量管理策划，并应编制下列设计质量管理文件；a)设计技术组织措施；b)达标投产或创优实施细则；c)工程建设标准强制性条文执行计划；d)执行法律法规、标准、制度的目录清单；6.2.2 规定，勘察、设计单位应在设计前将设计质量管理文件报建设单位审批。如有设计阶段的监理，则应报监理单位审查、建设单位批准。

2.6 核实本阶段图纸上签字的注册建筑师、注册结构师、注册电气师等人员

《建设工程质量管理条例》中华人民共和国国务院令第 279 号（2001）第十九条规定，勘察、设计单位必须按照工程建设强制性标准进行勘察、设计，并对其勘察、设计的质量负责。注册建筑师、注册结构工程师等注册执业人员应当在设计文件上签字，对设计文件负责。

2.7 设计代表工作到位、处理设计问题及时

《建设工程勘察设计管理条例 (2015 修订)》中华人民共和国国务院令 [2015] 第 662 号第三十条规定，建设工程勘察、设计单位应当及时解决施工中出现的勘察、设计问题。

2.8 进行了本阶段工程实体质量与勘察设计的符合性确认

《电力勘测设计驻工地代表制度》DLGJ159.8-2001 的 5.0.3 条规定，工代应坚持经常深入施工现场，调查了解施工是否与设计要求相符，并协助施工单位解决施工中出现的具体技术问题，做好服务工作，促进施工单位正确执行设计规定的要求；对于发现施工单位擅自作主，不按设计规定要求进行施工的行为，应及时指出，要求改正，如指出无效，又涉及安全、质量等原则性、技术性问题，应将问题事实与处理过程用"备忘录"的形式书面报告建设单位和施工单件，同时向设总和处领导汇报。

第三节 监理单位质量监督检查

3.1 本阶段专业监理人员配备合理，资格证书与承担的任务相符

《建设工程监理规范》GB/T 50319-2013 的 3.1.2 条规定，项目监理机构的监理人员应由总监理工程师、专业监理工程师和监理员组成，且专业配套、数量应满足建设工程监理工作需要，必要时可设总监理工程师代表。

3.2 检测仪器和工具满足本阶段监理工作需要

1.《中华人民共和国计量法实施细则 》（2018 年修订本）第四条规定，计量基准器具（简称计量基准，下同）的使用必须具备下列条件：（一）经国家鉴定合格；（二）具有正常工作所需要的环境条件；（三）具有称职的保存、维护、使用人员；（四）具有完善的管理制度。2.《中华人民共和国计量法》主席令 16 号第九条规定，县级以上人民政府计量行政部门对社会公用计量标准器具，部门和企业、事业单位使用的最

高计量标准器具，以及用于贸易结算、安全防护、医疗卫生、环境监测方面的列入强制检定目录的工作计量器具，实行强制检定。未按照规定申请检定或者检定不合格的，不得使用。

3.3 组织补充完善施工质量验收项目划分表

《电力建设工程监理规范》DL/T 5434—2009 的 9.1.2 条规定，项目监理机构应审查承包单位编制的质量计划和工程质量验收及评定项目划分表，提出监理意见，报建设单位批准后监督实施。

3.4 本阶段工程建设强制性条文已确认

《输变电工程项目质量管理规程》DL/T 1362-2014 的 7.3.5 规定，监理单位应监督施工单位质量管理体系的有效运行，应监督施工单位按照技术标准和设计文件进行施工，应定期检查工程建设标准强制性条文执行情况。

3.5 本阶段特殊施工技术措施已审批

《建设工程监理规范》GB/T50319—2013 的 5.5.3 条规定，项目监理机构应审查施工单位报审的专项施工方案，符合要求的，应由总监理工程师签认后报建设单位。超过一定规模的危险性较大的分部分项工程的专项施工方案，应检查施工单位组织专家进行论证、审查的情况，以及是否附具安全验算结果。

3.6 补充完善监理实施细则，并已审批

《建设工程监理规范》GB/T50319—2013 的 4.3.2 条规定，监理实施细则应在相应工程施工开始前由专业监理工程师编制，并应报总监理工程师审批；4.3.3 条规定，监理实施细则的编制应依据下列资料：

1 监理规划。2 工程建设标准、工程设计文件。3 施工组织设计、（专项）施工方案；4.3.4 条规定，监理实施细则应包括下列主要内容：

1 专业工程特点。2 监理工作流程。3 监理工作要点。4 监理工作方法及措施；4.3.5 条规定，在实施建设工程监理过程中，监理实施细则可根据实际情况进行补充、修改，并应经总监理工程师批准后实施。

3.7 本阶段导地线、绝缘子等材料开箱检验

1.《建设工程质量管理条例》中华人民共和国国务院令（第 279 号）（2000）第三十七条规定，未经监理工程师签字，建筑材料、建筑构配件和设备不得在工程上使用或者安装，施工单位不得进行下一道工序的施工；2.《电力建设工程监理规范》

DL/T 5434-2009 的 7.2.3 条规定，见证取样。对规定的需取样送试验室检验的原材料和样品，经监理人员对取样进行见证、封样、签认。3.《输变电工程项目质量管理规程》DL/T 1362-2014 的 8.5.1 条规定设备开箱检查及材料验收应由采购单位或委托监理单位组织，建设、监理、施工、物资供应单位应参加。设备开箱检验应核查设备的外观质量、数量、产品质量证明文件、安装说明书、试验检测报告、图纸、备品备件、专用工器具、进口设备报关单及原产地证明。

3.8　质量问题及处理台账完整，记录齐全

《建设工程监理规范》GB/T 50319—2013 的 5.2.15 条规定，项目监理机构发现施工存在质量问题的，或施工单位采用不适当的施工工艺，或施工不当，造成工程质量不合格的，应及时签发监理通知单，要求施工单位整改。整改完毕后，项目监理机构应根据施工单位报送的监理通知回复单对整改情况进行复查，提出复查意见；5.2.17 条规定，对需要返工处理或加固补强的质量事故，项目监理机构应要求施工单位报送质量事故调查报告和经设计等相关单位认可的处理方案，并应对质量事故的处理过程进行跟踪检查，同时应对处理结果进行验收。

项目监理机构应及时向建设单位提交质量事故书面报告，并应将完整的质量事故处理记录整理归档。

3.9　完成投运前阶段施工质量验收

《建设工程监理规范》GB/T50319—2013 的 5.2.14 条规定，项目监理机构应对施工单位报验的隐蔽工程、检验批、分项工程和分部工程进行验收，对验收合格的应给予签认；对验收不合格的应拒绝签认，同时应要求施工单位在指定的时间内整改并重新报验。

3.10　对架线阶段工程质量提出评价意见及质量评估报告

1.《输变电工程项目质量管理规程》DL/T 1362-2014 的 14.2.1 条规定，变电工程应分别在主要建（构）筑物基础基本完成、土建交付安装前、投运前进行中间验收，输电线路工程应分别在杆塔组立前、导地线架设前、投运前进行中间验收。投运前中间验收可与竣工预验收合并进行。中间验收中收到初检申请并确认符合条件后，监理单位应组织进行初检，在初检合格后，应出具监理初检报告并向建设单位申请中间验收。2.《建设工程监理规范》GB/T 50319-2013 的 5.2.19 条规定，工程竣工预验收合格后，项目监理机构应编写工程质量评估报告，经总监理工程师和工程监理单位技术负责人审核签字后报建设单位。

第四节　施工单位质量行为质量监督检查

4.1　项目部组织机构健全，本阶段专业人员配置合理

《输变电工程项目质量管理规程》DL/T 1362-2014 的 9.1.5 条规定，施工单位应按照施工合同约定组建施工项目部，应提供满足工程质量目标的人力、物力和财力的资源保障。

4.2　特殊工种人员持证上岗

《特种作业人员安全技术培训考核管理办法》国家安全生产监督管理总局令第30 号（2010）（2015 年 5 月 29 日国家安全监管总局令第 80 号修正。）第五条规定，特种作业人员必须经专门的安全技术培训并考核合格，取得《中华人民共和国特种作业操作证》（以下简称特种作业操作证）后，方可上岗作业。

4.3　导地线架设、附件安装、跨越等施工方案已审批

《建筑施工组织设计规范》GB/T 50502-2009 的 3.0.5 规定，施工组织设计的编制和审批应符合下列规定：

1 施工组织设计应由项目负责人主持编制，可根据需要分阶段编制和审批；2 施工组织总设计应由总承包单位技术负责人审批；3. 单位工程施工组织设计应由施工单位技术负责人或技术负责人授权的技术人员审批，施工方案应由项目技术负责人审批；4. 重点、难点分部（分项）工程和专项工程施工方案应由施工单位技术部门组织相关专家评审，施工单位技术负责人批准。

4.4　导地线架设、附件安装、跨越等技术交底记录齐全

《输变电工程项目质量管理规程》DL/T 1362-20149.3.4 施工过程中，施工单位应主要开展下列质量控制工作：b）在变电各单位工程、线路各分部工程开工前进行技术培训交底。

4.5　本阶段计量工器具经检定合格，且在有效期内

1. 中华人民共和国计量法实施细则 》（2018 年修订本）第四条规定，计量基准器具（简称计量基准，下同）的使用必须具备下列条件：（一）经国家鉴定合格；（二）具有正常工作所需要的环境条件；（三）具有称职的保存、维护、使用人员；（四）具有完善的管理制度。2.《中华人民共和国计量法》主席令 16 号第九条规定，县级以上人民政府计量行政部门对社会公用计量标准器具，部门和企业、事业单位使用的最高计量标准器具，以及用于贸易结算、安全防护、医疗卫生、环境监测方面的列入强

制检定目录的工作计量器具，实行强制检定。未按照规定申请检定或者检定不合格的，不得使用。

4.6　按照检测试验项目计划进行了见证的取样和送检，台账完整

《建筑工程检测试验技术管理规范》JGJ 190-2010 的 3.0.6 条规定，见证人员必须对见证取样和送检的过程进行见证，且必须确保见证取样和送检过程的真实性；5.5.1 条规定施工现场应按照单位工程分别建立下列试样台账：

1 钢筋试样台账；2 钢筋连接接头试样台账；3 混凝土试件台账；4 砂浆试件台账；5 需要建立的其他试样台账。

4.7　架线工程开工报告已审批

《工程建设施工企业质量管理规范》GB/T 50430-2017 的 10.4.2 条规定，项目部应确认施工现场已具备开工条件，进行报审、报验，提出开工申请，经批准后方可开工。

4.8　完善本阶段专业绿色施工措施已制定

《建筑工程绿色施工规范》GB/T 50905-2014 的 4.0.2 条规定，施工单位应编制包含绿色施工管理和技术要求的工程绿色施工组织设计、绿色施工方案或绿色施工专项方案，并经审批通过后实施。

4.9　本阶段工程建设强制性条文实施计划已制定并落实

《输变电工程项目质量管理规程》DL/T 1362-2014 的 9.2.2 条规定，工程开工前，施工单位应根据施工质量管理策划编制质量管理文件，并应报监理单位审核、建设单位批准。质量管理文件应包括下列内容包括：d）工程建设标准强制性条文执行计划；

4.10　本阶段无违规转包或违法分包工程的行为

《中华人民共和国建筑法》中华人民共和国主席令第 46 号（2011）第二十八条规定，禁止承包单位将其承包的全部建筑工程转包给他人，禁止承包单位将其承包的全部建筑工程肢解以后以分包的名义转包给他人。

4.11　施工验收中的不符合项已整改和验收

《输变电工程项目质量管理规程》DL/T 1362-2014 的 14.1.1 规定，前一阶段质量验收所发现的不符合项应及时进行纠偏处理。质量问题未得到关闭，不得进行下

一阶段工作。

4.12　单位工程质量评定统计表

《110kV--750kV架空输电线路施工及验收规范质量检验及评定规程》DL/T5168—2016的C.0.2(单位工程质量评定统计表);

第五节　生产运行单位监督检查

5.1　生产运行单位组织机构、运行管理制度、操作规程

《110kV及以上送变电工程启动及竣工验收规程》DL/T782—2001的3.4.4条规定,生产运行人员应在工程建设过程中提前介入,以便熟悉设备特性,参与编写或修订运行规程。通过参加竣工验收检查和启动、调试和试运行,运行人员应进一步熟悉操作,摸清设备特性,检查编写的运行规程是否符合实际情况,必要时进行修订。生产运行单位应在工程启动试运前完成各项生产准备工作:生产运行人员定岗定编、上岗培训,编制运行规程,建立设备资料档案、运行记录表格,配备各种安全工器具、备品备件和保证安全运行的各种设施。参与编制调试方案和验收大纲。负责接受调度令并进行各项运行操作,与其他有关方面共同处理事故。

5.2　反事故应急预案

《电力安全事故应急处置和调查处理条例》中华人民共和国国务院令(第599号)(2011)第十三条条规定,电力企业应当按照国家有关规定,制定本企业事故应急预案。

5.3　塔号、相(极)位、安全警示标识

《110kV及以上送变电工程启动及竣工验收规程》DL/T782—2001的5.3.2条规定,线路的杆塔号、相位标志和设计规定的有关防护设施等已经检查验收合格,影响安全运行的问题已处理完毕。

第六节　检测机构质量行为的监督检查

6.1　架线阶段检测试验机构已通过能力认定并取得相应证书

《建设工程质量检测管理办法》中华人民共和国建设部令第141号(2005)第四条规定,检测机构未取得相应的资质证书,不得承担本办法规定的质量检测业务。

6.2　检测机构检测人员资格符合规定

《房屋建筑和市政基础设施工程质量检测技术管理规范》GB 50618-2011 的 4.1.5 条规定,检测操作人员应经技术培训、通过建设主管部门或委托有关机构的考核,方可从事检测工作。

6.3　检测机构检测仪器、设备检定合格,且在有效期内

1.《检验检测机构诚信基本要求》GB/T 31880-2015 的 4.3.1 条规定,设备设施检验检测设备应定期检定或校准,设备在规定的检定和校准周期内应进行期间核查。

6.4　检测依据正确、有效,报告及时规范

《检验检测机构资质认定管理办法》国家质量监督检验检疫总局令第 163 号 (2015) 第二十五条规定,检验检测机构应当在资质认定证书规定的检验检测能力范围内,依据相关标准或者技术规范规定的程序和要求,出具检验检测数据、结果。检验检测机构出具检验检测数据、结果时,应当注明检验检测依据,并使用符合资质认定基本规范、评审准则规定的用语进行表述。检验检测机构对其出具的检验检测数据、结果负责,并承担相应法律责任。

第二部分　工程实体质量的监督检查

第一节　导地线架设的监督检查

1.1　导地线握着力试验报告

1.《电气装置安装工程 66 kv 及以下架空电力线路施工及验收规范》GB50173—2014 的 8.4.3 条规定,导线或架空导线,应使用合格的电力金具配套接续管及耐张线夹进行连接。连接后的握着强度,应在架线施工前进行试件试验。时间不得少于三组(允许接续管与耐张线夹合为一组试件)。其试件强度不得小于导线或架空地线设计计算拉断力的 95%。对小截面导线采用螺栓式耐张线夹及钳压管连接时,其试件分别制作。螺栓式耐张线夹的握着力强度不得小于导线设计计算拉断力的 90%。钳压管直线连接的握着力强度,不得小于导线设计计算拉断力的 95%。架空地线的连接强度应与导线相对应。8.4.4 条规定,采用液压连接,工期相近的不同工程,当采

用同制造厂，同批量导线、架空地线、接续管、耐张线夹及钢膜完全没有变化时，可免做重复性试验。2.《110kV～750kV架空输电线路施工及验收规范》GB 50233-2014的8.4.5条规定握着强度试验的试件不得少于3组。导线采用螺栓式耐张线夹及钳压管连接时，其试件应分别制作。8.4.6条规定，试件握着强度试验结果应符合要求。液压握着强度不得小于导线设计使用拉断力的95%；螺栓式耐张线夹的握着强度不得小于导线设计使用拉断力的90%；钳压管直线连接的握着强度不得小于导线设计使用拉断力的95%。架空地线的连接强度应与导线相对应。3.《±800kV及以下直流架空输电线路工程施工及验收规程》DL/T 5235-2010的8.3.3条规定，导线或架空地线必须使用配套接续管及耐张线夹进行连接。在架线施工前应对试件进行连接后的握着强度拉力试验。试件不得少于3组（允许接续管与耐张线夹合为一种试件）。其试验握着强度不得小于导线或架空地线设计计算拉断力的95%。4.《1000kV输变电工程导地线液压施工工艺规程》DL/T 5291-2013的5.0.1条规定，工程进行的检验性试件应符合下列规定：1 架线工程开工前应对该工程实际使用的导线、地线及相应的液压管，用配套的液压机及压接钢模，按本标准规定的操作工艺，制作检验性试件。每种形式的试件不得少于3根（允许接续管与耐张线夹做成一根试件）。线路中试件的握着力均不应小于导线及地线设计计算拉断力的95%。2 如果有一根试件的握着力未达到要求，应查明原因，改进后用加倍数量的试件再试，直至全部合格。3 同一工程中，不同的施工标段（不同变电站），所使用的导线、地线、接续管、耐张线夹或施工单位如果不同，应以施工标段为单位，进行上述项目的试验。5.《圆线同心绞架空导线》GB/T1179—2017的6.4.3条规定，导线拉断力试验和应力—应变试验要求的试样长度应为导线直径的400倍，且不小于10M；

1.2 导线排列、换位

1.《110kV～750kV架空输电线路设计规范》GB 50545-2010的8.0.4条规定，中性点直接接地的电力网，长度超过100km的输电线路宜换位。换位循环长度不宜大于200km。一个变电站某级电压的每回出线虽小于100km，但其总长度超过200km，可采用换位或变换各回输电线路的相序排列的方法来平衡不对称电流。2.《1000kV架空输电线路设计规范》GB 50665-2011的8.0.3条1000kV架空输电线路换位应符合下列规定：单回线路采用水平排列方式时，线路长度大于120km应换位；单回线路采用三角形排列及同塔双回线路按逆相序排列时，其换位长度可适当延长。一个变电站的每回出线小于120km，但其总长度大于200km时，可采用换位或变换各回输电线路相序排列的措施；3.《110kV--750kV架空输电线路施工及验收规范质量检验及评定规程》DL/T5168—2016 的 B.0.12（导线、地线（含 OPGW）展放施工检查及评级记录）；

1.3 导地线弧垂

1.《110kV～750kV 架空输电线路施工及验收规范》GB 50233-2014 的 8.5.6 条规定，紧线弧垂在挂线后应随即在该观测档检查，其允许偏差应符合表 8.5.6 的规定。8.5.7 条规定，导线各相间或地线的弧垂除应满足本规范 8.5.6 条的弧垂允许偏差的规定外，弧垂的相对偏差最大值尚应符合表 8.5.7 的规定。8.5.8 条规定，同相子导线的弧垂除应满足本规范第 8.5.6 条的规定外，其相对偏差尚应符合下列规定：

1 不安装间隔棒的垂直双分裂导线，同相子导线间的弧垂的正偏差不得大于 100mm；2 安装间隔棒的其他形式分裂导线同相子导线的弧垂允许偏差应符合下列规定：

1）220kV 及以下的正偏差不得大于 80mm；2）330kV 及以上的正偏差不得大于 50mm。2.《架空输电线路大跨越工程施工及验收规范》DL 5319-2014 的 8.4.4 条规定，紧线弧垂在挂线后应随即在观测档检查。当设计对弧垂偏差有要求时，按设计的要求执行。当设计无要求时，大跨越弧档垂允许偏差不应大于 ±1%，其正偏差不应超过 1m。8.4.5 条规定，导线或架空地线各相间的弧垂应力求一致，当满足本规范 8.4.4 条的弧垂允许偏差时，大跨越档的相间弧垂最大允许偏差不应超过 500mm。8.4.6 条规定，多分裂导线同相子导线的弧垂应力求一致，在满足本规范 8.4.5 条的弧垂允许偏差标准时，分裂导线同相子导线的弧垂允许偏差为 50mm。3.《±800kV 及以下直流架空输电线路工程施工及验收规程》DL/T 5235-2010 的 8.4.5 条规定，紧线弧垂在挂线后应随即在该观测档检查，其允许偏差应符合下列规定：

1 一般情况下允许偏差不应超过 ±2.5%；2 跨越通航河流的大跨越档弧垂允许偏差不应大于 ±1%，其正偏差不应超过 1m。8.4.6 条规定，同塔架设的导线各极间的弧垂应力求一致，当满足标准第 8.4.5 条的弧垂允许偏差时，各极间弧垂的相对偏差最大值不应超过下列规定：

1 一般情况下两极间弧垂允许偏差为 300mm；2 大跨越档的两极间弧垂最大允许偏差为 500mm。8.4.7 条规定，分裂导线同极子导线的弧垂应力求一致，在满足本标准 8.4.6 条的弧垂允许偏差标准时，分裂导线同极子导线的弧垂允许偏差为 50mm。4. 110kV--750kV 架空输电线路施工及验收规范质量检验及评定规程》DL/T5168—2016 的 B.0.15(导线、地线紧线施工检查及评级记录表)；

1.4 压接管外观质量、位置、数量

1.《电气装置安装工程及 66kV 以下架空电力线路施工及验收规范》GB50173—2014 的 8.4.8 接续管及耐张管压后应检查外观质量，并应符合下列规定；1 应使用精度不低于 0.01mm 的游标卡尺测量压后尺寸，各种液压尺寸的最大值 S 可按下式计算，但三个对边距应只允许有一个达到最大值，超过规定时应更换钢钢模重压；S=0.866X（0.933D）＋0.2 式中：D--- 管外径(mm)。2 飞边、毛刺及表面为超过允许的损伤应锉平并用 0# 以下细砂纸磨光；3 弯曲度不得大于 2%，有明显的弯曲时应校直。4 校直后不得有裂纹，达不到规定时应割断重接；5 裸露的钢管压后应涂防锈漆。8.4.9 条规定，在一个档距内，每根导线或架空地线上不应超过一个接续管和三个补修管，并应符合下列规定：

1 各类管与耐张线夹出口间的距离不应小于 15m；2 接续管或补修管出口与悬垂线夹中心的距离不应小于 5m；3 接续管或补修管出口与间隔棒中心的距离不宜小于 0.5m；4 易减少损伤而增加的接续管。2.《110kV ~ 750kV 架空输电线路施工及验收规范》GB 50233-2014 的 8.4.11 条规定接续管及耐张管压后应检查外观质量，并应符合下列规定；1 应使用精度不低于 0.02mm 的游标卡尺测量压后尺寸，其允许偏差应符合现行行业标准《输变电工程架空导线及地线液压压接工艺规程》（DL/T 5285）的规定；2 飞边、毛刺及表面为超过允许的损伤应锉平并用 0# 以下细砂纸磨光；3 压后应平直，有明显弯曲时应校直，弯曲度不得大于 2%。4 校直后不得有裂纹，达不到规定时应割断重接；5 钢管压后应进行防腐处理。8.4.12 的在一个档距内，每根导线或架空地线上不应超过一个接续管和两个补修管，并应符合下列规定：

1 各类管与耐张线夹出口间的距离不应小于 15m；2 接续管或补修管出口与悬垂线夹中心的距离不应小于 5m；3 接续管或补修管出口与间隔棒中心的距离不宜小于 0.5m；3.《输变电工程架空导线及地线液压压接工艺规程》DL/T 5285-2018 的 10.1.1 条规定，钢管压接后对边距尺寸 Sg 的允许值为：Sg=0.86Dg+0.2 mm 式中：Sg--- 压接管六边形的对边距离，mm；Dg--- 压接钢管管外径，mm；10.1.2 条规定，铝管压后对边距尺寸 SL 的允许值为：SL=0.86DL+0.2 mm 式中：SL--- 压接管六边形的对边距离，mm；DL--- 压接钢管管外径，mm；10.1.3 条规定，三个对边距中只允许有一个达到最大值，超过此规定时应更换模具重压。10.2.1 条规定，压接后的压接管不应有扭曲变形，弯曲度超过 2% 应校正，无法校正割断重新压接。10.2.2 条规定，各液压管施压后，操作者应检查压接尺寸并记录，经自检合格并经监理人员验证后，双方在铝管的不压去打上钢印。5.《110kV--750kV 架空输电线路施工及验收规范质量检验及评定规程》DL/T5168—2016 的 B.0.13 表（导线、地线直线压接管施工检查及评定记录表）、和 B.0.14（导线、地线耐张液压管施工检查及评定记录表）

1.5　金具连接

1.《110kV～750kV 架空输电线路施工及验收规范》GB 50233-2014 的 8.6.1 条规定，绝缘子安装前应逐个（串）表面清理干净，并逐个（串）进行外观检查。瓷（玻璃）绝缘子安装时应检查碗头、球头与弹簧销子之间的间隙。在安装好弹簧销子的情况下球头不得自碗头中脱出。验收前应清除瓷（玻璃）表面的污垢。有机复合绝缘子表面不应有开裂、脱落、破损等现象，绝缘子的芯棒，且与端部附件不应有明显的歪斜。8.6.8 条规定，金具上所用的闭口销的直径必须与孔径相配合，且弹力适度。开口销和闭口销不应有折断和裂纹等现象，当采用开口销时应对称开口，开口角度不应小于 60°，不得用线材和其他材料代替开口销和闭口销。

8.6.15 条规定，铝制引流连板及并沟线夹的连接面应平整、光洁，安装应符合下列规定：

1 安装前应检查连接面是否平整，耐张线夹引流连板的光洁面应与引流线夹连板的光洁面接触；2 使用汽油洗擦连接面及导线表面污垢后，应先涂一层电力复合脂，再用细钢丝刷清除有电力复合脂的表面氧化膜。3 应保留电力复合脂，并应逐个均匀地紧固连接螺栓。螺栓的扭矩应符合该产品说明书的要求。8.6.16 条规定，地线与门构架的接地线连接应接触良好，顺畅美观。2.《110kV～750kV 架空输电线路设计规范》GB 50545-2010 的 6.0.7 条规定，与横担连接的第一个金具应转动灵活且受力合理，其强度应高于串内其他金具。3.《±800kV 及以下直流架空输电线路工程施工及验收规程》DL/T 5235-2010 的 8.5.1 条规定，绝缘子安装前应逐个表面清洗干净，并应逐个（串）进行外观检查。安装时应检查碗头、球头与紧缩销之间的间隙。在安装好紧缩销的情况下球头不得自碗头中脱出。有机复合绝缘子伞套的表面不允许有开裂、脱落、破损等现象，绝缘子的芯棒与端部附件不应有明显的歪斜。8.5.8 条规定，金具上所用的闭口销的直径必须与孔径相配合，且弹力适度。8.5.1 条规定，铝制引流连板及并沟线夹的连接面应平整、光洁，安装应符合下列规定：

1 安装前应检查连接面是否平整，耐张线夹引流连板的光洁面应与引流线夹连板的光洁面接触；2 使用汽油或其他清洗剂洗擦连接面及导线表面污垢，并应涂上一层导电脂，用细钢丝刷清除有导电脂的表面氧化膜。3 保留导电脂，并应逐个均匀地拧紧连接螺栓。螺栓的扭矩应符合该产品说明书所列数值。4.《110kV--750kV 架空输电线路施工及验收规范质量检验及评定规程》DL/T5168—2016 的 B.0.16(导线、

地线附件安装施工检查及评定记录表);

1.6 附件安装

1.《110kV ~ 750kV 架空输电线路施工及验收规范》GB 50233-2014 的 8.6.6 条规定,悬垂线夹安装后,绝缘子串应竖直,顺线路方向与竖直位置的偏移角不应超过 5°,且最大偏移值不应超过 200mm。连续上 (下) 山坡处杆塔上的悬垂线夹的安装位置应符合设计规定。8.6.7 条规定,绝缘子串、导线及架空地线上的各种金具上的螺栓、穿钉及弹簧销子除有固定的穿向外,其余穿向应统一,并应符合下列规定:

1 单悬垂串上的弹簧销子应由小号侧向大号侧穿入。使用 W 型弹簧销子时,绝缘子大口应一律朝小号侧,使用 R 型弹簧销子时,大口应一律朝大号侧。螺栓及穿钉凡能顺线路方向穿入者,应一律由小号侧向大号侧穿入,特殊情况两边线可由内向外,中线可由左向右穿入;直线转角塔上的金具螺栓及穿钉应由上斜面向下斜面穿入。2 单相双悬垂串上的弹簧销子应对向穿入。螺栓及穿钉的穿向应符合本规范第 8.6.7 条第 1 款的要求。3 耐张串上的弹簧销子、螺栓及穿钉应一律由上向下穿;当使用 W 型弹簧销子时,绝缘子大口应一律向上;当使用 R 型弹簧销子时,绝缘子大口应一律向下,特殊情况两边线可由内向外,中线可由左向右穿入;4 分裂导线上的穿钉、螺栓应一律由线束外侧向内穿。5 当穿入方向与当地运行单位要求不一致时,应在架线前明确规定。

8.6.9 条规定 各种类型的铝制绞线,在与金具的线夹夹紧时,除并沟线夹及使用预绞丝护线条外,安装时应在铝股外缠绕铝包带,缠绕时应符合下列规定:

1 铝包带应缠绕紧密,缠绕方向应与外层铝股的绞制方向一致;2 所缠铝包带应露出线夹,但不应超过 10mm,端头应回缠绕于线夹内压住。设计有要求时应按设计要求执行。8.6.10 条规定,安装预绞丝护线条时,每条的中心与线夹中心应重合,对导线包裹应紧密。8.6.11 条规定,防振锤及阻尼线与被连接的导线或架空地线应在同一铅垂面内,设计有要求时应按设计要求安装。其安装距离允许偏差应为 ±30mm。8.6.13 条规定,绝缘架空地线放电间隙的安装距离允许偏差应为 ±2mm。8.6.14 条规定,柔性引流线应呈近似悬链线状自然下垂,对铁塔及拉线等的电气间隙应符合设计规定。使用压接引流线时,中间不得有接头。刚性引流线的安装应符合设计要求。2.《±800kV 及以下直流架空输电线路工程施工及验收规程》DL/T 5235-2010 的 8.5.6 条规定,悬垂线夹安装后,绝缘子串应垂直地平面,其顺线路方向与垂直位置最大偏移值不应超过 200mm (高山大岭 300mm)。连续上、下山坡处杆塔上的悬垂线夹的安装位置应符合设计规定。8.5.7 条规定。绝缘子串、导线及架空地线上的各种金具上的螺栓、穿钉及锁紧销子除有固定的穿向外，其余穿向应统一，并应符合下列规定：

1 单、双悬垂串上的锁紧销子一律由电源侧向受电侧穿入。使用 W 型锁紧销子时，绝缘子大口应一律朝电源侧，使用 R 型锁紧销子时，大口应一律朝受电侧。螺栓及穿钉凡能顺线路方向穿入者一律由电源侧向受电侧穿入，特殊情况可由内向外或由左向右穿入。2 耐张串上的锁紧销子、螺栓及穿钉一律由上向下穿；当使用 W 型锁紧销子时，绝缘子大口一律向上；当使用 R 型锁紧销子时，绝缘子大口一律向下，特殊情况可由内向外或由左向右穿入。3 分裂导线上的穿钉、螺栓一律由线束外侧向内穿。4 当穿入方向与当地运行单位要求不一致时，可按运行单位的要求，但应在开工前明确规定。8.5.9 条规定，各种类型的铝质绞线，在与金具的线夹夹紧时，除并沟线夹、使用预绞丝护线条及设计另有规定外外，安装时应在铝股外缠绕铝包带，缠绕时应符合下列规定：

1 铝包带宜缠绕紧密，其缠绕方向应与外层铝股的绞制方向一致。2 所缠铝包带可露出线夹口，但不应超过 10mm，其端头必须回缠绕于线夹内压住。8.5.10 条规定，安装预绞丝护线条时，每条的中心与线夹中心应重合，对导线包裹应紧固。8.5.11 条规定，防振锤及阻尼线与被连接的导线或架空地线应在同一铅垂面，设计有特殊要求时应按设计要求安装。其安装距离偏差不应大于 ±30mm。8.5.13 条规定，绝缘架空地线放电间隙的安装距离偏差不应大于 ±2mm。8.5.14 条规定，柔性引流线应呈近似悬链线状自然下垂，其对铁塔的电气间隙必须符合设计规定。使用压接引流线时其中间不得有接头。刚性引流线的安装应符合设计要求。3.《电力光纤通信工程验收规范》DL/T 5344-2018 的 5.6.4 条规定，光缆配套金具安装要求。1 耐张预绞丝缠绕间隙均匀，绞丝末端应与光缆相吻合，预绞丝不得受损。2 悬垂线夹预绞丝间隙均匀，不得交叉，金具串应垂直地面，顺贤路方向偏移角度不得大于 5°，且偏移量不得超过 100mm。3 防振锤安装尺寸、距离应满意以下条件：

1）安装距离偏差不大于 30mm；2）安装位置、数量、方向、垂头朝向和螺栓紧固力矩符合设计要求。4 螺栓、销钉、弹簧销子穿入方向：顺线路方向宜向受电侧，横线路方向宜由内向外，垂直方向宜由上向下。6 直通型耐张杆塔跳线在地线支架下方通过时，弧垂为 300mm～500mm；从地线支架上方通过时，弧垂为 150mm～200mm。7 专用接地线连接部位应接触良好。专用接地线的承载截面应符合短路电流热容量的要求。5.6.5 条规定，引下光缆：

1 引下光缆路径应符合设计要求。2 引下光缆应顺直美观，每隔 1.5m～2m 安装

一个固定卡具。3 引下光缆弯曲半径应不小于 40 倍的光缆直径。5.6.6 条规定:余缆架:

1 余缆架应固定可靠,不允许在杆塔上任意打孔安装,在线路上应尽量安装于铁塔第一个横担下方。2 余缆盘绕应整齐有序,不得交叉和扭曲受力,捆绑点应不少于 4 处。每条光缆盘留量应不小于光缆放至地面加 5m。5.6.7 条规定,接续盒:

1 线路接续盒安装应符合设计要求。站内龙门架线路终端接续盒安装高度宜为 1.5m～2m。2 接续盒宜采用帽式金属外壳,安装固定可靠、无松动,防水密封措施良好。3 直接连通的同批光缆光纤接续色谱应对应无误。4.《110kV--750kV 架空输电线路施工及验收规范质量检验及评定规程》DL/T5168—2016 的 B.0.16(导线、地线附件安装施工检查及评定记录表);

1.7 光缆盘测、接头熔接、通道检测

1.《110kV～750kV 架空输电线路施工及验收规范》GB 50233-2014 的 8.7.1 条规定,光线复合架空地线盘运输到现场指定卸货点后,应进行下列项目的检查和验收:

1 品种、型号、规格;2 盘号及长度;3 光纤衰耗值;4 光纤端头密封的防潮封口有无松脱现象;8.7.14 条规定,光纤的熔接应符合下列要求:

1 熔接有专业人员操作;2 剥离光纤的外层套管,骨架时不得损伤光纤;3 应防止光纤接线盒内有潮气或水分进入,安装接线盒时螺栓应紧固,橡皮封条应安装到位;4 光纤熔接后应进行接头光纤衰耗值测试,不合格者应重接;2.《±800kV 及以下直流架空输电线路工程施工及验收规程》DL/T 5235-2010 的 8.6.1 光纤复合架空地线盘运输到现场指定卸货点后,应进行下列项目的检查和验收:

1 品种、型号、规格;2 盘号及长度;3 光纤衰耗值(由指定的专业人员检测);4 光纤端头密封的防潮封口有无松脱现象;8.6.15 条规定,光纤的熔接应符合下列要求:

1 剥离光纤的外层套管,骨架时不得损伤光纤;2 应防止光纤接线盒内有潮气或水分进入,安装接线盒时螺栓应紧固,橡皮封条应安装到位;3 光纤熔接后应进行接头光纤衰耗值测试,不合格者应重接;3.《电力光纤通信工程验收规范》DL/T 5344-2018 的 5.6.2 条规定,单盘测试包括对光缆盘长、光纤衰减指标进行测试,测试结果应符合合同要求。光缆单盘测试记录见附录 B 表 B.5。5.6.7 条规定,用光时域反射仪(OTDR)在远端监测各接续点的熔接损耗,光纤单点双向平均熔接损耗值应小于 0.05dB。5.6.12 条规定,全程测试:光缆施工完毕后应进行双向全程测试,测试项目包括单项光路衰耗、光纤排序核对等,测试结果应满足设计要求。《110kV--750kV架空输电线路施工及验收规范质量检验及评定规程》DL/T5168—2016的A.0.6(OPGW现场开盘测试记录)、A.0.7(OPGW接头衰耗测试记录)、A.0.8(OPGW纤芯衰耗测试记录)

1.8 导、地线对地(或林木)、跨越物的安全距离

1.《110kV~750kV架空输电线路施工及验收规范》GB 50233-2014的8.5.9条规定,架线后应测量导线对被跨越物的净空距离,计入导线蠕变伸长换算到最大弧垂时应符合设计规定。A.0.1最大计算弧垂情况下,导线对地面最小距离不应小于表A.0.1的要求。A.0.2输电线路不应跨越屋顶为可燃材料的建筑物。对耐火屋顶的建筑物,如需跨越时应与有关方面协商同意,330kV以上输电线路不应跨越长期住人的建筑物。在最大计算弧垂情况下,导线与建筑物之间的最小垂直距离不应小于表A.0.2-1的要求。在最大计算风偏情况下,输电线路边导线与建筑物之间的最小净空距离,不应小于表A.0.2-2的要求。在无风情况下,边导线与建筑物之间的最小水平距离,不应小于表A.0.2-3的要求。A.0.3输电线路经过集中林区时,宜采用加高杆塔跨越林木不砍伐通道的方案。当跨越时,导线与树木(考虑自然生长高度)之间的最小垂直距离,不应小于表A.0.3-1的要求。当砍伐通道时,通道净宽度应符合设计要求。在最大计算风偏情况下,输电线路通过公园、绿化区或防护林带,导线与树木之间的最小净空距离,不应小于表A.0.3-2的要求。输电线路通过果树、经济作物林或城市灌木林不应砍伐通道。导线与果树、经济作物、城市绿化灌木以及街道行道树木之间的最小垂直距离,不应小于表A.0.3-3的要求。A.0.4最大计算风偏情况下,导线与山坡、峭壁、岩石之间最小净空距离不应小于表A.0.4的要求。A.0.5架空输电线路与甲类火灾危险性的生产厂房、甲类物品库房、易燃易爆材料堆场及可燃或易燃易爆液(气)体储罐的防火间距,不应小于铁塔高度的1.5倍。A.0.6输电线路与铁路、公路、河流、管道、索道及各种架空线路交叉或接近距离的基本要求,应符合表A.0.6的规定。2.《架空输电线路大跨越工程施工及验收规范》DL 5319-2014的4.0.10条规定,大跨越工程架线后对跨越物的安全距离应满足《110kV~750kV架空输电线路设计规范》GB 50545、《1000kV架空输电线路设计规范》GB 50665的规定。8.4.7条规定,架线后应测量导线对被跨越物的净空距离,计入导线蠕变伸长换算到最大弧垂时必须符合设计规定。3.《±800kV及以下直流架空输电线路工程施工及验收规程》DL/T 5235-2010的4.0.9条规定,线路架线后的安全距离必须满足设计要求。8.4.8条规定,架线后应测量导线对被跨越物的净空距离,计入导线蠕变

伸长换算到最大弧垂时必须符合设计规定。4.《110kV--750kV架空输电线路施工及验收规范质量检验及评定规程》DL/T5168—2016的A.0.5表（交叉跨越检查记录表）

1.9　线路参数测试报告

1.《电气装置安装工程66kV及以下架空电力线路施工及验收规范》GB50173—2014的11.2.1条规定，工程在竣工验收合格后投运前，应进行下列试验：

1 测定线路绝缘电阻；2 核对线路相位；3 测定线路参数和高频特性；4 以额定电压对线路冲击合闸3次；5 带负荷试运行24h。11.2.2条规定，线路工程未经竣工验收及试验判定合格，不得投入运行。2.《110kV~750kV架空输电线路施工及验收规范》GB 50233-2014的10.2.1工程在竣工验收合格后投运前，应进行下列试验：

1 测定线路绝缘电阻；2 核对线路相位；3 测定线路参数和高频特性；4 电压由零升至额定电压，但无条件时可不做；5 以额定电压对线路冲击合闸3次；6 带负荷试运行24h。10.2.2条规定，线路工程未经竣工验收及试验判定合格，不得投入运行。3.《架空输电线路大跨越工程施工及验收规范》DL 5319-2014的10.2.1条规定，大跨越工程应与线路工程一起参加竣工试验，试验不合格不得投入运行。4.《±800kV及以下直流架空输电线路工程施工及验收规程》DL/T 5235-2010的10.2.1条规定，工程在竣工验收合格后投运前，应按下列步骤进行竣工试验：

1 测定线路绝缘电阻；2 核对线路极性；3 测定线路参数特性；4 电压由零升至额定电压，但无条件时可不做；5 以额定电压对线路冲击合闸三次；6 带负荷试运行24h。9.2.2条规定，线路工程未经竣工验收合格及试验判定合格前不得投入运行。

第二节　接地装置的监督检查

2.1　接地装置与杆塔连接

1.《电气装置安装工程接地装置施工及验收规范》GB 50169-2016的4.7.10条规定，接地线与杆塔的连接应可靠且接触良好，接地极的焊接长度应按本规范第4.3节的规定执行，并应便于打开测量接地电阻。4.7.11条规定，架空线路杆塔的每一塔腿都应与接地线连接，并应通过多点接地。2.《110kV~750kV架空输电线路施工及验收规范》GB 50233-2014的9.0.2条规定，架空线路杆塔的每一腿都应与接地体线连接；接地体的规格、埋深不应小于设计规定。9.0.7条规定，接地引下线与杆塔的连接应接触良好，顺畅美观，并应便于运行测量和检修。若引下线直接从地线引下时，引下线应紧靠杆（塔）身，间隔固定距离应满足设计要求。3.《架空输电线路大跨越工程施工及验收规范》DL 5319-2014的9.0.6条规定，接地引下线与铁塔的连接应接触良好并便于运行测量和检修。高桩承台基础接地引下线应通过预埋件进行敷设。4.《±800kV 及以下直流架空输电线路工程施工及验收规程》DL/T 5235-2010 的 9.0.6 条规定,接地引下线与铁塔的连接应接触良好并便于运行测量和检查。

2.2 接地极埋深、焊接、防腐

1.《电气装置安装工程接地装置施工及验收规范》GB 50169-2016 的 4.3.1 条规定,接地极的连接应采用焊接,接地线与接地极的连接应采用焊接。异种金属接地极之间连接时接头处应采取防止电化学腐蚀的措施。4.3.3 条规定,热镀锌钢材焊接时,在焊痕外最小 100mm 范围内应采取可靠的防腐处理。在做防腐处理前,表面应除锈并去掉焊接处残留的焊药。4.3.4 条规定,接地线、接地极采用电弧焊连接时应采用搭接焊缝,其搭接长度应符合下列规定:

1 扁钢应为其宽度的 2 倍且不得少于 3 个棱边焊接。2 圆钢应为其直径的 6 倍。3 圆钢与扁钢连接时,其长度应为圆钢直径的 6 倍。4 扁钢与钢管、扁钢与角钢焊接时,除应在其接触部位两侧进行焊接外,还应由钢带或钢带弯成的卡子与钢管或角钢焊接。4.3.5 条规定,接地极(线)的连接工艺采用放热焊接时,其焊接接头应符合下列规定:1 被连接的导体截面应完全包裹在接头内。2 接头的表面应平滑。3 被连接的导体接头表面应完全熔合。4 接头应无贯穿性的气孔。2.《110kV～750kV 架空输电线路施工及验收规范》GB 50233-2014 的 5.0.11 条规定,接地沟开挖的长度和深度应符合设计要求且不得有负偏差,影响接地体与土壤接触的杂物应清除。在山坡上宜沿等高线开挖接地沟。9.0.5 条规定,垂直接地体深度应满足设计要求。9.0.6 条规定,接地体间连接应符合下列规定:

1 连接前应清除连接部位的浮锈。2 接地体间应连接可靠。3 应采用焊接或液压方式连接。当采用搭接焊时,圆钢的搭接长度不应少于其直径的 6 倍并应双面施焊;扁钢的搭接长度不应少于其宽度的 2 倍并应四面施焊。当采用液压连接时,接续管的壁厚不得小于 3mm;对接长度应为圆钢直径的 20 倍,搭接长度应为圆钢直径的 10 倍。接续管的型号与规格应与所连接的圆钢向匹配。4 接地体的连接部位应采取防腐措施,防腐范围不应少于连接部位两端各 100mm。3.《架空输电线路大跨越工程施工及验收规范》DL 5319-2014 的 5.0.7 条规定,接地沟开挖的长度和深度应符合设计要求并不得有负偏差,沟中影响接地体与土壤接触的杂物应清除。在山坡上挖接地沟时,宜沿等高线开挖。9.0.1 条规定,接地体的规格、埋深不应小于设计规定。9.0.4 条规定,垂直接地体应垂直打入,并防止晃动。9.0.5 条规定,接地体间应连接可靠,并应符合下列要求:

1 除涉及规定的开断点可用螺栓连接外，其余应用焊接或液压方式连接。连接前应清除连接部位的浮锈。2 当采用搭接焊接时，圆钢的搭接长度不少于其直径的6倍并应双面施焊；扁钢的搭接长度不应少于其宽度的2倍并应四面施焊。3 当采用液压连接时，接续管的壁厚不得小于3mm；对接长度为圆钢直径的20倍，搭接长度为圆钢直径的10倍。接续管的型号与规格应与所压钢筋相匹配。4 接地装置如采用其他方式连接时，应满足设计及相关标准的要求。4.《电力工程接地用铜覆钢技术条件》DL/T 1312-2013 的6.3条规定，表面质量：同层表面应结晶细密、颜色均匀、光滑洁净、无明显的针孔、凹坑、麻点、起泡、剥皮、结疤、裂纹、烧灼及其沉积杂质和表面污染物，不得有漏覆、浮铜和黑斑。6.4.1 铜层厚度：各类型的单根（股）铜覆钢铜层厚度，任意测试点的最小值不得小于0.25mm。6.4.2 铜层均匀性：厚度测试区域内，铜层均匀性允差（铜层测试的最大值与最小值之差）应满足表2要求。

5.《±800kV及以下直流架空输电线路工程施工及验收规程》DL/T 5235-2010 的5.0.5条规定，接地沟开挖的长度和深度应符合设计要求并不得有负偏差，沟中影响接地体与土壤接触的杂物应清除。在山坡上挖接地沟时，宜沿等高线开挖。9.0.1条规定，接地体的规格、埋深应符合设计规定。9.0.4条规定，垂直接地体应垂直打入，并防止晃动。9.0.5条规定，接地体间应连接可靠。除设计规定的断开点可用螺栓连接外，其余应用焊接或液压、爆压方式连接。连接前应清除连接部位的浮锈。当采用搭接焊接时，圆钢与圆钢、圆钢与扁钢的搭接长度应不少于其直径的6倍并应双面施焊；扁钢的搭接长度应不少其宽度的2倍并应四面施焊。当采用压接连接时，接续管的壁厚不得小于3mm；对接长度为圆钢直径的20倍，搭接长度为圆钢直径的10倍。

2.3 接地电阻值

1.《110kV～750kV架空输电线路施工及验收规范》GB 50233-2014 的9.0.8条规定，接地电阻的测量可采用接地装置专用仪表。所测得的接地电阻值不应大于设计工频接地电阻值。9.0.9条规定，采用降阻剂降低接地电阻时，接地槽尺寸及包裹范围应符合设计规定或产品技术文件的要求；采用接地降阻模块降低电阻时，应符合设计规定。2.《110kV～750kV架空输电线路设计规范》GB 50545-2010 的7.0.16条规定，有地线的杆塔应接地。在雷季干燥时，每基杆塔不连地线的工频接地电阻，不宜大于表7.0.16规定的数值。土壤电阻率较低的地区，当杆塔自然接地电阻不大于表7.0.16所列数值时，可不装设人工接地体。7.0.17条规定，中性点非直接接地系统在居民区的无地线钢筋混凝土杆和铁塔应接地，其接地电阻不应超过30Ω。3.《架空输电线路大跨越工程施工及验收规范》DL 5319-2014 的 9.0.7 条规定，接地电阻的测量可采用接地装置专用测量仪表。所测得的接地电阻值应不大于设计工频接地电阻值。9.0.8 条规定，采用降阻剂降低接地电阻时，应采用成熟有效的降阻剂。4.《±800kV 及以下直流架空输电线路工程施工及验收规程》DL/T 5235-2010 的 9.0.7 条规定，接地电阻的测量可采用接地装置专用测量仪表。所测得的接地电阻值应不大于设计工频接地电阻值。9.0.8 条规定，采用降阻剂降低接地电阻时，应采用成熟有效的降阻剂。5.《110kV--750kV 架空输电线路施工及验收规范质量检验及评定规程》DL/T5168—2016 的 B.0.17（接地装置检查及评定记录表）

第三节　防护设施的监督检查

3.1　塔号牌、相序牌、安全警示牌

1.《110kV～750kV 架空输电线路施工及验收规范》GB 50233-2014 的 10.1.3 条规定，中间验收应按基础工程、杆塔工程、架线工程、接地工程、线路防护设施进行。验收应在分部工程完成后，也可分批进行。其中线路防护设施验收应包括下列内容：

1）基础护坡或防护堤；2）跨越高塔航空标志；3）拦江线或公路高度线标；4）回路标志、相位（极性）标志、警告牌等线路防护标志；2.《架空输电线路大跨越工程施工及验收规范》DL 5319-2014 的 7.1.8 条规定，工程移交时，铁塔上应有下列固定标志，标志的式样及悬挂位置应符合设计和建设方的要求：

1 线路名称或代号及塔号。2 相位标志。3 按设计规定装设的航行障碍标志。4 多回路铁塔上的每回路位置及线路名称。3.《±800kV 及以下直流架空输电线路工程施工及验收规程》DL/T 5235-2010 的 7.1.4 条规定，工程移交时，铁塔上应有下列固定标志，标志的式样及悬挂位置应符合建设方的要求，设计单位在线路设计时应同时设计预留挂孔：

1 线路名称及塔号。2 极性标志及警示牌。3 按设计规定装设的航行标志。4 多回路铁塔上的每回路位置及线路名称。4. 工程设计图纸

3.2　基坑、接地沟的回填土

1.《110kV～750kV 架空输电线路施工及验收规范》GB 50233-2014 的 5.0.12 条规定，杆塔基础坑及拉线基础坑的回填应分层夯实，回填后坑口上应筑防沉层，其上部边宽不得小于坑口边宽。有沉降的防沉层应及时补填夯实，工程移交时回填土不应低于地面。5.0.16 条规定，接地沟宜选取未掺有石块及其他杂物的泥土回填并应夯实，回填后应筑有防沉层，工程移交时回填土不得低于地面。

2.《架空输电线路大跨越工程施工及验收规范》DL 5319-2014 的 5.0.8 条规定，铁塔基础坑回填，应符合设计要求，一般应分层夯实，每回填 300mm 厚度夯实一次。坑口的地面上应筑防沉层，防沉层的上部边宽不得小于坑口边宽，其高度视土质夯实程度确定，不宜低于 300mm。经过沉降后应及时补填夯实。工程移交时坑口回填土不应低于地面。5.0.14 条规定，接地沟的回填宜选取未掺有石块及其他杂物的泥土并应务实，回填后应筑有防沉层，其高度宜为 100～300mm，工程移交时回填土不得低于地面。3.《±800kV 及以下直流架空输电线路工程施工及验收规程》DL/T 5235-2010 的 5.0.7 条规定，铁塔基础坑及拉线基础坑回填，应符合设计要求。一般应分层夯实，每回填 300mm 厚度夯实一次。坑口的地面上应筑防沉层，防沉层的上部边宽不得小于坑口边宽。其高度视土质夯实程度确定，基础验收时宜为 300～500mm。经过沉降后应及时补填夯实。工程移交时坑口回填土不应低于地面。5.0.12 条规定，接地沟的回填宜选取未掺有石块及其他杂物的泥土并应夯实，回填后应筑有防沉层，其高度宜为 100～300mm，工程移交时回填土不得低于地面。4.《110kV--750kV 架空输电线路施工及验收规范质量检验及评定规程》DL/T5168—2016 的 B.0.18（线路防护设施检查及评定记录表）

附件一 架空输电线路质量行为问题及主要表现形式

（一）质量管理体系不规范

质量管理体系建立不规范主要表现在：质量目标不能满足工程建设的需要；无工程采用标准清单；质量管理组织机构层次不清晰、各级人员质量职责不明确或重叠；工程质量管理所需资源不能满足工程的需求；

（二）企业资质不满足要求

参建单位企业资质不满足要求主要表现在：个别参建单位企业资质的承揽业务范围不能包括所承包的工程项目；参建的企业资质过期；项目经理变更未经建设单位同意或无正式的书面变更文件；

（三）专业人员挂证或不满要求

专业人员资格不满足要求主要表现在：监理项目部、施工项目部的专业管理人员配置不足或不满足现场实际要求；总监或施工项目部经理长期不在现场；施工图纸设计审核人员无注册证书；特殊作业人员数量不足或人证不一致；专业人员正说过期等。

（四）检测试验机构资质、人员不满足要求

检测试验机构资质、人员不满足要求主要表现在：试验单位资质不符合要求，有超范围现象；检测单位资质过期，计量认证过期；试验人员无证上岗或资质过期；检测报告中试验检测项目不全或数据、依据错误；检测报告中未加盖检测机构印章或计量认证标识印章；试验报告签字不齐全或非手写签字；试验报告提供不及时。

（五）质量项目划分表不准确

项目划分表不准确主要表现在：项目划分表设定的质量控制点划分不准确；没有审批质量项目划分表；项目划分表中与本工程无关内容较多或缺少本工程有关内容。

（六）原材料检测报告不规范

原材料检测报告不规范主要表现在：原材料试验未经监理见证、取样、送样；试验报告数量（批次）不能覆盖使用原材料的总量；规定的必检项目未做试验；

（七）原材料跟踪记录台账不到位、不规范

原材料跟踪记录台账不到位、不规范主要表现在：原材料没有进行跟踪或缺少部分原材料跟踪记录；跟踪记录没有签字或施工记录中日期不一致；跟踪记录未能准确跟踪到具体施工部位；

（八）计量器具管理不到位

计量器具管理不到位主要表现在：计量检定机构提供的鉴定报告过期；计量检定机构鉴定报告未加盖公章和计量认证标识印章；计量鉴定报告未签字或签字不规范；计量器具未报审；监理、施工单位未建立计量器具台账；

（九）监理对施工单位报审资料把关不严

监理对施工单位报审资料把关不严主要表现在：对施工组织设计和施工方案审查把关不严；对检测机构提供的检测报告或试验报告审查不严；对计量器具报审材料审查把关不严；分包单位资质及人员资质审查把关不严；

（十）施工图会检及设计交底不规范

施工图会检及设计交底不规范主要表现在：个别监理项目部未按规定施工图预会检或未形成书面意见；施工图会检纪要未下发给相关单位；设计单位未进行设计交底或无设计交底书；设计交底书无签字或内容不全；

（十一）施工组织设计、施工方案编审批及内容不规范

施工组织设计、施工方案编审批不规范主要表现在：施工组织设计及施工方案编审批人员或日期有逻辑关系不符合要求；施工组织设计、施工方案资源配置不满足要求；施工组织设计、施工方案引用标准不准确；危险性较大的分部、分项专项施工方案没有进行专家论证；施工组织设计、施工方案针对性较差；

（十二）技术交底管理工作不到位

技术交底管理工作不到位主要表现在：三级技术交底记录不全活层层次不清晰，交底记录签字不规范或有代签现象；技术交底记录内容与实际不符；

（十三）混凝土强度试验报告达不到要求或不规范

混凝土强度试验报告达不到要求或不规范主要变现在：缺少混凝土强度试验报告或无试块试验报告；混凝土强度未按单位工程进行评定；混凝土试块试验报告数据错误或试验人员没有签字。

（十四）施工记录内容缺项或填写不正确

施工记录内容缺项或填写不正确主要表现在：施工过程记录内容填写不正确或内容缺项；施工记录日期逻辑错误；施工记录数据与实际不符（编造迹象）

（十五）质量检验及评级记录

质量检验及评级记录中质量检验标准不具体、无量化要求；分部工程检查完成后未在质量检验及评级记录中填写评级情况或评级不准确；检查人员在现场检查时未及时提供检查结果，资料员评级记录中编造数据。

（十六）质量问题整改不到位

质量问题整改不到位主要表现在：业主、设计、监理、施工项目部未建立质量巡查制度；质量巡查工作落实不到位或检查流于形式，过程中存在的明显重大质量隐患没有发现；发现的质量问题未及时整改或未落实；无质量问题台账或质量问题台账步规范。

（十七）开箱检验记录不规范

开箱检验记录不规范主要表现在：无开箱检验记录或个别参建单位没有参加开箱检验；开箱检验记录内容不全或填写不正确；开箱检验过程中没有检查产品质量证明文件或无产品质量证明文件；

（十八）强制性条文执行落实不到位

强制性条文执行落实不到位主要表现在：设计单位在施工图纸中未落实设计强条；施工单位施工过程中未严格执行工程建设强制性条文；监理项目部没有组织对施工单位执行强制性条文情况进行阶段性检查，并没有形成记录；竣工验收时监理项目部没有对设计、施工单位强条执行情况进行总结，建设单位没有对执行情况进行核对确认。

（十九）设计深度达不到要求

设计深度达不到要求主要表现在：个别施工图引用标准过期；施工图中未明确

节能减排、环境保护、水土保持、消防等级等要求；施工图中未体现全寿命周期要求；勘察设计单位提供的水文、地质、测量等设计文件不完整或不真实；施工图

（二十）三级自检不规范

三级自检不规范主要表现在：公司专检率数量达不到要求或公司覆盖不了所有塔型；公司专检流于形式或无公司专检；三级自检数据完全一致；三级自检数据不规范；

（二十一）监理初检、中间验收、预验收及启动验收不规范

监理初检、中间验收及预验收不规范主要表现在：监理初检只对实体工程象征性进行了验收，对资料未进行验收；监理初检报告内容数据有编造痕迹明显；建设单位中间验收报告与监理初检报告一致；建设单位中间验收报告只显示实体验收内容，无资料检查内容；无工程预验收报告或预验收内容不全；启动验收委员会工程验收组没有进行验收或验收内容不全；

（二十二）生产运行准备不充分

生产运行准备不充分主要表现在：生产运行管理组织机构不健全；运行维护人员无证上岗；运行维护管理制度、操作规程未发布；塔号、相（极）位、安全警示标识不齐全；反事故应急预案未审批；

附件二 架空输电线路实体质量问题主要防止措施

（一）路径复测质量问题防止措施

主要措施：监理、施工项目部线路复测基础上施工前重新复核，同时要求施工单位将新增跨越物的资料及时通知设计单位进行安全距离校核，防止路径线路方向桩、转角桩、中心庄丢失或位移、新增跨越物的安全距离不够等问题的发生。

（二）基础分坑、开挖质量问题防止措施

主要措施：开挖前应将中心庄引出，辅助桩应采取可靠保护措施，基础浇制完成后，及时恢复中心庄；基坑开挖时应设专人及时检查、测量，防止超深或欠挖。

（三）基础位移、扭转质量问题的防止措施

主要措施：基础开挖前对基础中心二次复核，并设置稳固的辅助桩，确认桩位及各个基础腿的方向准确；基础支模后，浇制前和浇制中要多次核对基础模板、地脚螺栓的方位，保证期准确性；

（四）混凝土外观质量问题防治措施

主要措施：基础模板应有足够的强度、刚度、平整度，应可靠承受混凝土的重量和侧压力，防止出现基础立柱几何变形；模板接缝处应采取粘贴胶带等措施，防止出现跑浆、漏浆现象；浇制中设专人控制混凝土的搅拌和振捣，现场质检人员随时检查混凝土的搅拌和振捣过程，防止混凝土离析、麻面、蜂窝、空洞等现象；严格控制混凝土保护层厚度，保证不发生漏筋现象；造成混凝土垂直自由下落高度不得超过 2 米，否则应使用溜槽、串斗，防止混凝土离析；多方位均匀下料，防止地脚螺栓受力不均匀与基础立柱不同心；混凝土初凝前，采用多点控制的方式对基面高差进行测量，杜绝二次抹面；

（五）接地沟埋深深度不够质量问题防止措施

主要措施：接地网地沟开挖时要留出深度余量，接地体辐射时要边压平回填，保证埋深；杆塔引下线应竖直至设计深度；

（六）基面整理不规范质量通病防治措施

主要措施：回填土坑口基面上筑防沉层，其宽度不得小于坑口宽度，其高度不应掩埋铁塔构件，要平整规范；回填土时应设计要求分层夯实，保证回填土密实度，消减基础抗拔力；基础施工完成后及时清理施工现场，做到工完料尽场地清；

（七）铁塔安装质量问题防止措施

主要措施：加强开箱检验，防止加工原因造成的孔距超差、切角超差、错空、多孔、塔脚靴板角度超差、连接点处主材未铲背、主辅材弯曲、镀锌层厚度不均匀等铁塔材料流入施工现场；对塔材的运输和装卸，采取防止和变形和磨损措施；施工过程中措施不当，塔材受钢丝绳强力拉压和摩擦或吊装方法不当，造成塔材变形和磨损；

（八）螺栓紧固及螺栓不匹配质量问题防止措施

主要措施：按设计图纸及验收规范，核对螺栓等级、规格和数量匹配使用，在杆塔组立现场应有标识的容器对螺栓进行分类，防止混用、错用；螺栓紧固时其最大紧固力矩不超过最小值得 120%，紧固率必须达到验收规范要求，防止紧固率达不到要求；交叉铁处垫块与间隙匹配，使用垫片不得超过 2 个；螺栓紧固应严格责任制，实行质量跟踪制度；连板上螺栓没有全部安装就开始进行上端构件的安装，多层构件的紧固力矩不足或螺栓未紧固就进行组装上端塔材，塔材安装困难时未查明原因但仍强行安装，产生构件、连板安装间隙过大。

（九）混凝土电杆质量问题防止措施

主要措施有：运输、装卸过程中做好支点、互碰措施及禁止排干过程中强行撬动等措施，防止混凝土电杆损伤和长生裂缝；加强开箱检验检查，防止电杆加工产生的弯曲、裂缝的电杆流入施工现场；做好排杆、调直措施，修正电杆钢圈蹄形修正，防止电杆弯曲；焊接技术过关有资质的技术人员按照规范要求，电杆钢圈进行焊接，防止焊缝高度不够、焊缝不饱满、焊接明显咬边、为及时清理焊渣及氧化层等问题的发生；加强施工规范要求安装拉线，解决楔形线夹的舌板与拉线接触不紧密、拉线送股现象、同组同基拉线线夹尾线段方向不一致或露出长度不一致、拉线互相摩擦、拉线调整不均匀引起电杆倾斜等问题的发生。

（十）导线损伤、松股、跳股、断股问题的防止措施

主要措施有：加强开箱检验管理，防止加工过程中造成的导线送股、铝股单丝焊接质量差造成的断股的导线流入施工现场；运输过程中做好导线运输保护措施，防止导线磨损、挤压损伤或变形；做好放线施工操作，防止导线掉槽发生导线磨损或挤压、平衡对挂操作不当钢丝绳损伤导线、压接顺序错误导致压接管管口产生松股、临锚施工卡线器尾部导线上没有进行保护造成导线损伤。

（十一）导地线压接质量问题防止措施

主要措施有：压接时按要求压强应达到规定值或合模、防止产生对边距超标；防止压接时操作方法不合理找平不到位、压接冲模宽度过大和模具压口宽度偏小造成的压接管偏小现象；压接后未按要求对压接管进行打磨，产生飞边毛刺。

（十二）附件安装工艺质量问题防止措施

主要措施有：严格按工艺要求施工，防止绝缘子串碗口朝向不一致、螺栓穿向不一致、缺销针或销针未开口、绿包带缠绕不紧密或露出长度不符合要求、防震锤安装紧固不到位造成滑移或安装距离超差、间隔棒不在同一垂直面上等问题发生；安装调整地线放电间隙时没有使用专用的测量工具，造成放电间隙超差；均压（屏蔽）环支撑杆强度不足或施工时人员压踩造成均压环位置不正、间隙不对称。

（十三）引流线安装质量问题防止措施

主要措施有：提高引流线安装工艺质量，防止跳线形状不是自然悬垂、不流畅、工艺不美观，跳线的硬弯、死弯等安装典型问题的发生；引流板连接处涂抹导电脂，保证电气性能；紧固好引流板螺栓，防止引流板接触电阻偏大；

（十四）OPGW光缆架设质量问题防止措施

主要措施有：光缆盘测完成后光缆断头没有重新密封造成油膏流失和潮气侵入，影响光缆特性；部分光缆接地未按设计要求进行安装，变电站进出线架构光缆引下线的抱箍与构架未进行绝缘处理；杆塔上光缆引下线固定卡安装间隙过大，造成光缆松动；余缆架内光缆半径小于40倍光缆直径，出现打小圈、死弯现象；余缆架安装位置不合理，缠绕不规范，有交叉、扭曲受力现象；在构架顶端没有通过匹配的专用接地线与构架进行可靠电气连接。

（十五）接地装置质量问题防止措施

主要措施有：严格按规范要求施工，防止接地体焊接长度不够、焊接工艺差、焊接处伟景行防腐处理、接地引下线制作不规范、引下线连接板与塔材贴合不紧密等问题的发生。

（十六）线路防护质量问题防止措施

主要措施有：杆塔基础应严格按照设计要求靠近季节性河流和容易冲刷的杆塔基础做好护坡和排水沟等保护措施；线路标识牌、杆塔号牌、警示牌安装牢固、规范。

附件三　引用现行管理文件及技术标准名录

1.《建设工程质量管理条例》中华人民共和国国务院令第 687 号（2017 修正本）

2.《中华人民共和国建筑法》中华人民共和国主席令第 46 号（2011）

3.《中华人民共和国招标投标法》中华人民共和国主席令第 86 号（2017）

4.《中华人民共和国土地法》中华人民共和国主席令第 28 号（2004）

5.《中华人民共和国计量法》中华人民共和国主席令 16 号（2018 年修订）

6.《输变电工程质量监督检查大纲》（国能综安全 [2014]45 号）

7.《输变电工程项目质量管理规程》DL/T1362—2014

8.《国务院关于发布政府核准的投资项目目录（2016 年本）的通知》国发〔2016〕72 号

9.《实施工程建设强制性标准监督规定》中华人民共和国住建部令第 23 号（2015 年修正）

10.《建筑工程勘察设计管理条例》中华人民共和国国务院令第 662 号（2015）

11.《建设工程监理规范》GB/T 50319-2013

12.《建筑施工组织设计规范》GB／T 50502-2009

13.《建筑工程五方责任主体项目负责人质量终身责任追究暂行办法》中华人民共和国住房和城乡建设部（2014）

14.《建筑工程施工质量验收统一标准》GB 50300-2013

15.《输变电工程项目质量管理规程》DL/T 1362-2014

16.《电力建设工程监理规范》DL/T5434-2009

17.《建筑业企业资质管理规定》住房和城乡建设部令第 22 号（2015）

18.《特种作业人员安全技术培训考核管理办法》国家安全生产监督管理总局令第 30 号

19.《中华人民共和国计量法实施细则 》（2018 年修订本）

20.《建筑工程检测试验技术管理规范》JGJ 190—2010

21.《建筑工程绿色施工规范》GB/T 50905-2014

22.《工程建设施工企业质量管理规范》GB/T 50430-2017

23.《建设工程质量检测管理办法》中华人民共和国建设部令第 141 号（2005）

24.《房屋建筑和市政基础设施工程质量检测技术管理规范》GB 50618-2011

25.《检验检测机构诚信基本要求》GB/T 31880-2015

26.《普通混凝土力学性能试验方法标准》GB/T 50081-2002

27.《检验检测机构资质认定管理办法》国家质量监督检验检疫总局令第 163 号（2015）

28.《房屋建筑和市政基础设施工程质量检测技术管理规范》GB 50618-2011

29.《110kV-750kV 架空电力线路工程施工质量及评定规程》DL/T 5168—2016

30.《110kV～750kV 架空输电线路施工及验收规范》GB 50233-2014

31.《电气装置安装工程 66kV 及以下架空电力线路施工及验收规范》GB50173—2014

32.《±800kV 及以下直流架空输电线路工程施工及验收规程》DL/T 5235-2010

33.《架空输电线路大跨越工程施工及验收规范》DL 5319-2014

34.《混凝土结构工程施工规范》GB 50666-2011

35.《混凝土用水标准》JGJ63-2006

36.《混凝土质量控制标准》GB 50164-2011

37.《建筑边坡工程技术规范》GB 50330-2013

38.《预拌混凝土》GB/T14902—2012

39.《电力工程地基处理技术规程》DL/T 5024-2005

40.《建筑地基基础工程施工质量验收规范》GB 50202-2018.

41.《建筑地基基础设计规范》GB50007-2011

42.《实施工程建设强制性标准监督规定》建设部令第 81 号

43.《电力勘测设计驻工地代表制度》DLGJ159.8-2001

44.《普通混凝土用砂、石质量检验方法标准》JGJ 52-2006

45.《用于水泥和混凝土中的粉煤灰》GB/T1596-2017

46.《用于水泥和混凝土中的粒化高炉矿渣粉》GB/T18046-2017

47.《用于水泥和混凝土中的钢渣粉》GB/T20491-2017

48.《混凝土外加剂应用技术规范》GB 50199-2013

49.《混凝土结构工程施工质量验收规范》GB50204—2015

50.《钢筋焊接及验收规程》JGJ 18-2012

51.《钢筋机械连接用套筒》JG/T163—2013

52.《钢筋机械连接技术规程》JGJ107—2016

53.《大体积混凝土施工标准》GB50496—2018

54.《输电杆塔用地脚螺栓与螺母》DL/T1236—2013

55.《电力建设施工技术规范 第1部分：土建结构工程》DL 5190.1-2012

56.《输电杆塔用地脚螺栓与螺母》DL/T1236—2013

57.《建筑桩基技术规范》JGJ 94-2008

58.《建筑地基基础设计规范》GB 50007-2011

59.《建筑基桩检测技术规范》JGJ 106-2014

60.《架空输电线路基础设计技术规程》DL/T5219—2014

61.《岩土锚杆（索）技术规程》CECS22：2005

62.《建筑工程冬期施工规程》JGJ/T 104-2011

63.《输电线路铁塔制造技术条件》GB/T 2694-2010

64.《输电线路铁塔制造技术条件》GB/T 2694-2018

65.《钢结构高强度螺栓连接技术规程》JGJ 82-2011

66.《输变电工程架空导线及地线液压压接工艺规程》DL/T5285-2013

67.《电力金具通用技术条件》GB/T2314-2008

68.《110kV 及以上送变电工程启动及竣工验收规程》DL／T 782—2001

69.《电力安全事故应急处置和调查处理条例》中华人民共和国国务院令（第599号）

70.《圆线同心绞架空导线》GB/T1179—2017

71.《110kV～750kV 架空输电线路设计规范》GB 50545-2010

72.《电力光纤通信工程验收规范》DL/T 5344-2006

73.《电力工程接地用铜覆钢技术条件》DL/T 1312-2013

74.《混凝土强度检验评定标准》GB/T50107-2010